U0293841

本书为中央级公益性科研院所基本科研业务费专项资金资助项目

中国农业科学院
农业经济与发展研究所
研究
论丛
第 4 辑

Research on Agricultural
Non-point Source Pollution and
Its Comprehensive Control Mode

农业面源污染
及综合防控研究

魏 赛 ◎著

中国财经出版传媒集团
经济科学出版社
Economic Science Press

前　言

我国在供养日益增长的庞大人口的同时，一直面临着耕地日益减少和保持环境质量的问题。大量调查数据显示，农业面源污染已经成为我国最严重的环境污染之一，对我国经济、社会、环境发展造成重大威胁。

对于农业面源污染的治理不仅仅涉及农业、农民，还涉及经济、市场、税收等方方面面，其防治模式要从多个角度去考虑。我国地域广阔，经济、社会、农业发展水平地区性差异较大，农业面源污染防治措施的制定要适应各地区的发展特征，促进环境和经济、社会的协调发展。因此，本书在定性分析与定量分析相结合的基础上对华中区农业面源污染的综合防控模式进行了研究。

本书在分析我国目前农业面源污染现状及现有措施优缺点的基础上，选取单位耕地面积的农药施用量和化肥施用量以及耕地的地膜覆盖率三个关键指标为依据，将全国划分为八大污染区进行等权重评价，并选取污染最为严重的华中区作为研究对象。华中区位于我国黄河中下游和长江中游地区，包括湖南、湖北、河南三省，其中湖南省和湖北省都属于严重污染地区，因此，笔者在相关项目的支持下，赴两省进行了实地调研，并根据已有研究成果分析可能影响农户采取合理农业经营行为的因素，通过 Logit 模型对调查数据进行实证分析，最终证实农业收入占农户家庭总收入的比重、主要劳动力的受教育年限、主要劳动力是否参加农业技术培训、是否施用有机肥、对环境污染认知程度是农户采取合理农业经营行为意愿的重要影响因素，从而为农业面源污染防控政策的制定选好切入点，从宏观角度为面源污染的防控提出建议。最后提出针对华中区农业面源污染的综合防控模式及相关政策建议。

目 录
CONTENTS

第**1**章

绪　论

1.1　问题的提出

农业是与自然生态环境休戚与共的物质循环型产业，农业生产要不断地同自然生态环境发生调和作用才能维持和提高物质生产率，因此，农业肩负着粮食增产和环境保护的双重责任。近年来，世界农业环境问题越来越突出，农业面源污染已经影响到气候变化、大气平流层臭氧的消耗及对流层臭氧的积累，也造成主要流域和近海水域的水体营养化，导致赤潮频发和一些地区的渔业衰退，成为全球性关注的问题。

进入 21 世纪以来，在点源污染得到控制之后，我国面源污染主要是农业面源污染问题逐渐凸显。研究表明，农业污染占全国污染总量的 $1/3 \sim 1/2$，已经成为水体、土壤和大气污染的重要来源。我国农业污染主要表现在农产品污染物超标严重，污染物在农副产品中积累极为普遍并呈上升趋势（刘凤枝等，2003）。造成农业污染的污染源有工业"三废"（废水、废气和固体废物）排放、城市和农村的生活污水及垃圾、农业生产本身产生的污染。其中工业"三废"排放和城市生活污水及垃圾造成的农业污染主要分布在城市郊区，主要污染途径有地下水灌溉、污水灌溉、大气污染和直接的土壤污染；农村生活污水和垃圾与农业生产本身产生的污染主要分布在农村地区，主要污染途径有使用地表水或地下水进行农田灌溉、污水灌溉，直接的土壤污染，化肥、农药和农用塑料薄膜的不合理使用。农业生产不但造成自身污染，还对人类的生活环境造成污染，主要表现在水产养殖造成水体污染、畜禽粪便造成水体和大气污染、化肥过量施用流入水体造成的水体富营养化，水田及畜禽养殖排放温室气体甲烷，以及焚烧秸秆造成的大气污染和温室气体二氧化碳的增加。由于农业生产是在一定区域内进行的，农业生产对农产品造成的直接污染具有面源污染的特征，在我国联产承包责任制为主体的经营体制下治理难度较大。而我国人均耕地占有量较少，农作物产量的持续增长对化肥农药的依赖性很强，农业生产投入品低效率使用和农业废弃物资源化再利用程度低，导致我国农业污染日趋严重。与此同时，农业面源污染与向农村地区转移的城市和工业污染结合在一起，使得污染状况更加严峻，不仅破坏了农业生态环境，危害了农业安全，也损害了农村居民的身体健康。目前，我国农业面源污染的深度和广度都已超过欧美国家，如何协调提高粮食产量和控制农业面源污染之间的关系是当前面临的主要问题，其中最大的挑战则是如何制定正确的产业政策和加强农业技术推广服务，促进环境友好型技术在农业中的应用。

我国已经在农业生态与环境的保护、恢复和建设方面开展了探索性的尝试。在技术方面，有控制化肥污染的测土配方施肥技术、控制农药污染的生物防治技术等。在政策法规方面，制定了有关森林资源保护的法律法规、林业可持续发展的行动计划、森林资源的生态补偿政策，保护草原资源的草原法及配套法规、草原资源的生态补偿政策，以及自然保护区生态补偿政策等。在工程方面，实施了退耕还林还草工程、防护林体系建设等。然而，目前我国对农业污染综合防控对策的研究还不多，尤其是对区域防控模式缺少足够的研究和实践。我国地域辽阔，农业区域类型复杂，农业生产活动多样，农业面源污染具有时空分布广且不确定性强等特征。尽管我国已经开展了对农业面源污染的治理，但是针对性不强，导致实施难度大，缺乏长效性。此外，目前学术研究多为污染总体状况的描述或者面源污染防治工程和技术层面的研究。因此，全面系统地了解造成农业面源污染的深层次原因，采用适合区域经济发展特点的防控模式是亟待解决的问题。本书旨在深入研究农业污染综合防控的同时，探讨制定科学合理的区域防控模式，为政府部门的环境保护和生态建设提供有益的参考。

1.2 选题的意义

农业环境对人类生存的基本环境质量起到一个支配的作用，我国政府近年来开始高度重视农业面源污染问题，将农村环境的保护和治理作为一项基本国策在《中华人民共和国国民经济和社会发展第十一个五年规划纲要》中明确提出，并且在"十二五"规划中进一步提出要"推进农村环境综合整治"，着重强调"治理农药、化肥和农膜等面源污染，全面推进畜禽养殖污染防治"和"开展农村环境集中连片整治"。2016年5月，国务院办公厅发布《关于健全生态保护补偿机制的意见》，指出"到2020年，实现森林、草原、湿地、荒漠、海洋、水流、耕地等重点领域和禁止开发区域、重点生态功能区等重要区域生态保护补偿全覆盖"。党的十八大明确提出加强生态文明制度建设，《中华人民共和国环境保护税法》于2018年1月1日起施行，凸显了国家对农业面源污染防控与治理的决心。目前我国在农业污染综合防控治理的实践经验方面还非常薄弱，缺少深厚的理论研究和实际探索。此外，由于农业生产是在一定区域内进行的，农业生产所形成的农业面源污染在我国家庭联产承包责任制的经营体制下治理难度较大，因此区域防控模式的研究对实现农业环境保护与建设投入的制度化、规范化、市场化有着重要意义。

农业面源污染的综合防控目的在于有的放矢，针对不同污染源的特点，采取不同的污染防控措施，并制定有针对性的政策法规，对各种类型的农业面源污染进行有效的防控。我国面临着如何协调经济发展与控制农业面源污染的问题，关键在于提高技术适宜性和政策应对性，而其中制定正确的产业政策、产业布局和农业技术推广服务的加强则是最大的挑战。协调好农业收入、农村地区基础设施建设以及农业产业政策，才能有效地控制和治理农业面源污染。

本书将在分析农业面源污染现状和成因的基础上，透过农业面源污染的表象探索其背后的制度性根源和政策根源。农业面源污染既是一个自然科学问题，也是一个危害公共利益的社会问题，要提高人们对它的关注、认识和思考，为政府制定相关制度提供理论依据。农户是农业生产的基本要素之一，也是农业生产的决策者。农户的经营行为通过不同的方式影响着农业面源污染的程度，防控模式的运行和政策的实施也需要通过农户的行为作用于环境，调控农户行为是最为有效的、从源头防治农业面源污染的对策。本书从实证方面了解影响农户选择采用合理的农业生产经营行为的因素，为农业面源污染防控政策的制定选好切入点，从宏观角度为农业面源污染的防控提出建议。

1.3　国内外相关研究进展

20世纪90年代以前，环境污染治理的重点在点源污染的防控方面。随着社会经济和现代农业的快速发展，对粮食和其他资源的需求进一步扩大，导致对有限农业资源的不合理开发，加剧了农业面源污染的程度，成为水体污染的主要原因，在全球范围内引起了关注。农业面源污染的防控已经成为现代化农业建设和社会可持续发展的重大课题。20世纪80年代开始，各国学者就开始了对农业面源污染的控制理论、政策、

技术等多方面的研究。

1.3.1　国外相关研究进展

庇古（Pigou，1920）是首位对污染问题进行系统经济分析的学者，通过对外部性理论的开放性研究，产生了后来被称为庇古税的污染税，即防治污染的税收措施。到了 20 世纪 60 年代，经济学家们初步将外部性概念作为分析污染问题的基本原则，此后还运用物质平衡的原则分析污染问题。以外部性为基础的污染分析模型采用局部分析的方法，而物质平衡模型则是一种更为综合、更为系统的观点。潘那约托（Panayotou，1993）提出"环境库兹涅茨曲线"（EKC），认为经济发展与环境之间存在着倒"U"型关系，在经济发展过程中，环境状况总是先恶化而后得到逐步改善。目前，学者们欲将传统的经济学方法与物质平衡理论结合起来对污染问题进行研究。

美国学者运用自然环境物理模型对农业污染的发生、污染物的迁移过程和污染结果等进行模拟和预测，在这方面应用最多的模型有 USLE（Wischmeier and Smith，1978）、AGNPS（Young et al.，1989）、ANSWERS（Bouraoui and Dllaha，1996）、SWAT（Arnold et al.，1993）等，这些模型已被广泛应用于进行非点源污染机理过程模拟、探讨污染负荷时空分布、标识关键源区、模拟非点源管理方案等方面。目前结合农业污染的物理特性，构建经济学模型对农业污染问题进行深入分析和实证研究已成为较为广泛的应用。20 世纪 80 年代后期，国外学者还用可计量的一般均衡分析方法对环境政策绩效进行模拟分析。随着中国环境污染问题的加剧，中国环境问题成为国际上 CGE 模型分析的一个焦点。谢剑（1996）开发了一个静态的环境经济综合 CGE 模型，分析了控制污染政策的实际环境效果及其对经济增长、就业、收入和投资等的影响。

发达国家不仅注重理论和技术的研究，也很注重措施的实施，因此发达国家针对农业污染的立法管理很值得我国借鉴。谭绮球等（2008）在对国外治理农业面源污染的成功做法的研究中总结分析了美国、欧盟和日本在农业面源污染治理方面的政策、技术措施，指出三个国家（地区）共同的特点是都有一套系统的政策法律框架。美国通过制定联邦水污染控制法（FWPCA）、清洁水法（CWA）和水质法案（WQA）逐步加强了控制面源污染的重要程度，明确了各州对面源污染进行系统识别和管理的要求，并给予资金支持；欧盟实施了《硝酸盐施用指令》《水法》《农药立法》等环境治理法律，同时还实施了市场方法和农村发展项目等共同农业政策，以共同控制面源污染；日本实行政策支持和立法配套的做法始于20世纪60年代，其优惠政策主要有税收减免、对环保型农户实行硬件补贴和无息贷款支持等，立法则有完整的法律体系，从宪法到单项法规，涉及领域从农业生产投入品到食品加工和饮食业各个环节。刘冬梅和管宏杰（2008）也对美国、日本两国在农业面源污染防治的立法情况进行了研究，由此分析出两国立法具有配套性、系统性、针对性、层次性等特点，同时提出管理部门的职责要明确，在引导公众参与方面注重经济手段的利用。这些对我国防治农业面源污染的立法工作有一定的启示。

目前国际上针对农业面源污染的对策包括技术、经济和政策几个方面。主要技术有氮肥适宜量技术、平衡土壤养分施肥技术、化肥深施等精准农业技术、免耕等其他水土保持技术、建立缓冲带或转移排水渠技术等。主要的政策和经济对策有商品肥料施用水平和有机肥使用时间、数量等方面的规章制度，取消商品肥料、杀虫剂等生产和销售的直接、间接补贴以及污染者付费等经济措施，还包括设立教育项目，提高农民环保意识，推广自愿性质的肥料使用规范等措施。借鉴国外的治理经验有益于制定我国控制农业面源污染的对策，但是农业面源污染不仅是农业、农民问题，还涉及经济、市场、税收等多方面，因此要从多个角度

去考虑问题，把农业面源污染的治理同农业经济发展结合起来，才能让控制政策发挥效应。

1.3.2 国内研究综述

我国对农业面源污染的研究起步较晚，研究内容涉及面源污染负荷评价、模型介绍及模型与技术结合等。对于农业面源污染及其防控的研究多集中于自然机理、技术和工程角度，理论研究分析面比较窄。

在理论研究方面，关于农业污染的微观经济学分析，主要有赵永辉和田志宏（2005）利用外部性理论对农药污染进行的分析，卢亚丽等（2007）对农业污染治理行为进行的博弈论分析。洪大用、马芳馨（2004）基于制度经济学的分析，提出二元结构的社会制度与农村面源污染之间存在着密切关系，如果不彻底改变二元结构，农业面源污染防控前景不容乐观。

李学术等（2006）的研究指出我国农业生产单位是小农户，因此关于农户经济行为对农业环境污染防控的影响研究，目前已经成为该领域的研究热点。周立华等（2002）通过农户调查，认为生态环境外部性与农户小农意识之间存在矛盾。而冯孝杰等（2005）和张欣（2005）等则通过研究农户的各种经济行为，提出了农户的投资方向和力度、经营规模、经营结构等都是造成农业面源污染的影响因素。此外，还有很多学者对农户施肥、投入等单项经济活动对农业生态的影响进行了分析。何浩然等（2006）的研究则通过采用统计分析和构建计量经济模型的方法分析农户的施肥行为，以寻找农户层面降低农业面源污染的有效途径。

部分学者从经济学和公共政策角度开始研究农业面源污染问题。许刚（2002）认为经济水平决定人的生产生活方式，社会经济因素通过社会经济活动，影响农业环境的各个方面。谢红彬等（2001）的研究指出，流域水质环境的变化与该流域人口增长和经济增长等存在着对应关系；林泽新（2002）的研究则将视角转移到公共政策角度，认为环保意识落后、管理体制不合理等是水环境恶化的重要原因。

在农业面源污染的防控对策方面，我国学者目前也有一些研究，李远和王晓霞（2005）的研究指出我国农业面源污染管控体系十分薄弱，因此要从政策、体制、公共投入等方面加强。陈红等（2006）和张宏艳（2004）的研究也指出利用经济手段和激励机制控制自然资源输入和污染物质输出是非常好的途径之一。

1.4　研究方法和研究内容

1.4.1　研究方法

农业面源污染的形成机理复杂，涉及多学科、多领域。本书在借助多学科领域已有研究成果的基础上，采用宏观和微观相结合、定性分析与定量分析相结合的方法进行研究。首先对全国污染区进行了划分，由于农业污染的间接量化指标很多，从各地区数据可比性及微观个体农户影响力度方面考虑，选择单位耕地面积上化肥施用量、农药施用量及耕地的农膜使用率为关键指标进行等权重分析，从而选定种植业面源污染最为严重的华中区为研究对象；以环境经济学理论为指导，分析了影响农户采取合理生产经营行为的因素；在相关项目的支持下，对华中区污染较为严重的湖南、湖北两省的 17 个乡镇 31 个行政村进行问卷调查，为本文定量分析微观农户行为提供了第一手资料；论文通过 Logit 模型对调研数据进行了计量分析，总体评价了农户采取合理农业生产经营行为的影响因素，为该区域农业面源污染防治模式的研究和政策的制定找到了切入点。

1.4.2 研究内容

本书的主要内容包括以下七个方面。

一是农业面源污染防控的理论依据。包括外部性理论、公共物品理论和环境库兹涅茨曲线，为实证分析和防控模式的建立及政策的提出提供理论依据。

二是国内外农业非点源污染控制对策研究。通过文献分析，总结了国外农业面源污染防治在理论、技术和措施方面的成果和进展；对国内研究农业面源污染防治的重点进行了归纳，并提出了应加强我国农业面源污染管控体系的建议。

三是我国农业面源污染及其防治现状。从化肥投入、农药投入、畜禽粪便利用、农业废弃物利用、农膜残膜污染等五个方面对我国农业面源污染的现状进行分析，并对已有的污染防治对策进行总结和分析，指出其局限性。

四是我国农业面源污染的分区。在已有研究成果上，将我国划分为八个污染区，在考虑各区可比性及农户影响力度的基础上选择单位耕地面积上化肥施用量、农药使用量和耕地的农膜使用率为指标进行等权重分析，选定华中区为研究对象。

五是农业面源污染与农户经营行为的实证分析。通过 Logit 模型对华中区污染最为严重的湖南、湖北两省农户调查数据进行计量分析，得出影响农户采取合理农业生产经营行为的因素有农业收入占家庭收入的比重、主要劳动力受教育年限、主要劳动力是否参加农业技术培训等五个因素，为农业污染防控模式的建立和政策的提出找到切入点。

六是农业面源污染的综合防控模式。从稻谷等大田作物、园艺作物、水产养殖业、畜禽养殖业、农业废弃物等五个方面建立起华中区农业面源污染的综合防控模式。

七是基于综合防控模式的政策建议。从法律法规建立、财政政策配合、监测体系完善、示范区推广和农业技术服务加强等五个方面为该区域农业面源污染的综合防控提出政策建议。

本书主要的观点是：农业面源污染的防控措施的制定要结合区域经济、社会、环境发展等各方面因素综合考虑；农户及其经济行为决定着农业污染的防控进程；农业污染防治中的市场机制直接作用很微弱，必须实施政策干预。

由于农业污染的形成原因复杂，间接量化指标过多，考虑到各地区的可比性和数据的取得难易程度，本书涉及的农业污染包括种植业和畜牧业温室气体排放，农药、化肥的施用量和农膜的使用量，各类农作物秸秆的产生量等。

1.4.3 技术路线

本书研究的技术路线如图 1-1 所示。

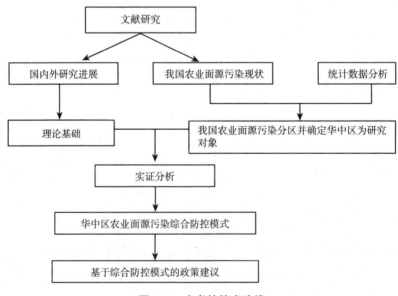

图 1-1　本书的技术路线

第2章

农业面源污染防控的理论依据

2.1 外部性理论

外部性理论是经济学术语，在其研究发展过程中许多经济学家做出了重要贡献，具有里程碑意义的有马歇尔、庇古和科斯。其中英国经济学家庇古在马歇尔"外部经济"概念的基础上扩充了"外部不经济性"，并建立了解决污染等问题赋税方法的理论基础"庇古税"。外部性是在没有市场交换的情况下，一个生产单位的生产行为（或消费者的消费行为）影响了其他生产单位（或消费者）的生产过程（或生活标准）。

外部性分为外部经济性和外部不经济性。当存在外部经济性时，边际社会效益（MSB）大于边际私人效益（MPB），如果外部经济性得不到补偿，则会导致资源的配置失误。当外部不经济性存在时，边际社会成本（MSC）大于私人边际成本（MPC），因此，如果外部不经济性不能得到有效纠正，也会导致资源的配置失误（马中，2006）。

农业污染的发生是外部不经济性，而对其的防控则属于外部经济性问题（见图2-1）。农业污染的外部不经济性主要表现为农业污染者使用环境资源的私人成本（PMC）与社会成本（SMC）之差，农业生产者按照自身利益最大化原则生产的产量 Q_1 高于社会福利最大化所产生的产量 Q，二者的差额就是资源的过度利用和污染环境产品的过度产出。由于污染个体不用承担生产所造成的外部不经济性这一成本，将会导致可能更多地利用资源生产过多外部不经济性的私人产品，如施用高毒性农药、畜禽养殖废弃物排放等。农业污染防控的外部经济性所带来的收益往往是一个区域或是整个农业环境的优化。农业生产者保护环境的行为使其私人收益（PMR′）低于社会收益（SMR），而其更多资金和劳动力的投入致使私人边际成本（PMC′）高于社会边际成本（SMC），利润最大化确定的产量 Q1′低于社会福利最大化产生的产量 Q，其差额就是提供农业环境保护这种公共品的产出不足。目前我国农业面源污染的经济政策不健全，农业污染者的现期经济利益远远大于农业环境保护者的现期经济利益，严重打击环境保护者的积极性和主动性。例如，农民在生产中自觉使用农家肥或低毒无毒农药，减轻了农业污染，不仅为自己带来了益处，也为整个社会带来了环境好处，即社会收益。然而如果农户的这种行为得不到相应的激励或补偿，往往就会使其失去主动采取污染防控型生产行为的积极性；更为甚者，如果污染防控型生产模式增加了农户的生产成本，如低毒无毒农药价格更高，农户会放弃这种生产模式。由此可见，农业污染防控的外部经济性会导致相应有助于污染防控环境友好型的生产不足，造成社会福利的损失。

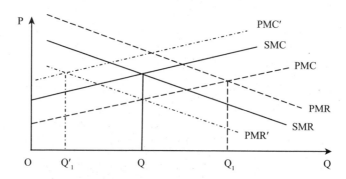

图 2-1　农业面源污染的外部经济性和外部不经济性
资料来源：张雪绸（2005）关于环境污染的外部经济性和外部不经济性分析。

2.2　公共物品理论

公共物品不具备明确的产权特征，形体上难以分割和分离，消费时不具备专有性和排他性。它有两个基本特征，一个是供给的普遍性，即在给定的生产水平下，向一个额外消费者提供商品或服务的边际成本为零；另一个是其消费的非排他性，即任何人都不能因为自己的消费而排除他人对该物品的消费。环境公共物品理论是当代环境经济的理论支柱之一。在市场体系下，公共物品表现为一种市场失灵或外部性。一般情况下，生产者追求利润最大化，以最小的成本取得最大的利润，因此势必会形成对原材料的争夺和对市场的争夺，在这种竞争的情形下，当存在免费资源的时候，理性的生产者会蜂拥而至，竞相使用这一资源，从而形成对这种资源的过度使用，给社会带来负效应。而这种负效应并没有被纳入生产成本当中，导致了不可能对这部分资源的有效管理和合理规划。

农业污染及其防控具有显著的公共物品属性，主要反映在农业环境纳污容量的公共品特征上（袁平，2008）。首先，农业环境纳污容量的公共物品属性导致了环境资源的低效、过量消耗以及污染防控措施开展范围；其次，它的开放性和产权模糊性也导致了人们意识到当具有该资源使用权和便利条件时却不加消费的话，就将被别人消费殆尽。在没有政府调控的情况下，农业资源的公共物品属性导致农户在消费时并不积极主动地去采取有利于污染防控的生产模式。农民为了实现收益最大化，过度开发农业资源或者低效率使用农业资源，致使环境退化，污染频发，使得农业生产力下降，这时农户会增加化肥、农药等农业化学投入品的使用，其结果将进一步加剧农业环境的恶化，形成恶性循环。农业污染防控也具有显著的公共物品属性，环境纳污容量的开放性和产权模糊性导致人们对该资源的使用权和便利条件的竞相消费，采用污染防控措施而实现的环境改良成果不会由作出努力的农户个人所享有，因此形成积极消费、消极治理的现状，进而必然造成农业污染缺乏管理和防控。

2.3 环境库兹涅茨曲线

20世纪90年代，潘那约托（Panayotou）借用库兹涅茨界定的人均收入与收入不均等之间的倒"U"型曲线，首次将环境质量与人均收入联系起来，形成了环境库兹涅茨曲线（EKC）（见图2-2），该曲线所表达的含义是经济发展初级阶段环境质量随着收入增加而退化，收入水平上升到一定程度后，环境质量又将会随收入增加而改善，即环境质量与收入为倒"U"型关系。

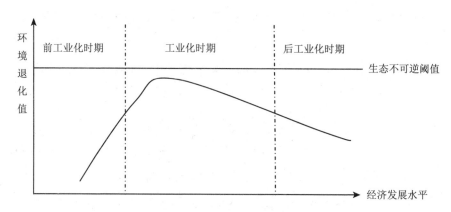

图 2-2 环境库兹涅茨曲线
资料来源：潘那约托（Panayotou，1993）。

经济发展初期，产业结构由农业向能源密集型重工业转变，需要增加对资源的使用来实现对投入的增加，而产出的增多带来了污染排放的增加，加剧了生产对自然和环境的影响。经济的增长带来收入水平的提高和技术的进步，从而改善有限资源的利用率，降低单位生产的要素投入，削弱生产对资源的消耗。技术的不断进步还能有效地循环利用资源，降低单位产出的污染排放，减轻生产对环境的污染。到经济发展水平较高时，产业结构开始向低污染的服务业和知识密集型产业转变，投入结构发生变化，单位产出的排污水平进一步下降，环境质量因而得到改善。

随着社会经济的发展，农业生态资源的过度消耗造成生态系统、生产能力的下降，而生产过程中产生的污染也超过了生态系统的承受范围，导致现存生态资源质量下降，其生产能力与人类日益增长的需求之间的差异越来越大。环境库兹涅茨曲线在农业生产发展中同样适用（见图 2-3）。

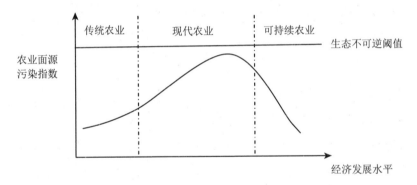

图 2-3 　 农业面源污染与经济发展的关系

资料来源：李玉文等（2005）整理的环境压力与经济增长的倒"U"型关系。

在经济发展的初期阶段，农业还处于传统农业时期，该阶段以农耕为主，农业生产规模小，多采用原始的耕作方式，投入、产出都很少，化肥等施用量也不大，农业生产对环境的压力不大，环境能承载和消化农业生产所产生的污染，农业面源污染比较小。经济发展阶段，随着工业化的加快，越来越多的资源被开发利用，大量农业资源非农化，农业需要加大有限资源的利用率才能提高产出，促使化肥、农药等高污染农用化学品的大量投入，以达到提高农业产出的目的，而此时配套技术发展相对滞缓，造成这些投入品的使用效率不高，流失量大，农业面源污染随着这种高投入低效率的使用情况越来越严重，此时工业处于上升期，无法提供大量资金反哺农业，造成农业生态环境持续恶化。当经济发展到较高水平时，工业部门具备了反哺农业的能力，可以给农业环境治理提供足够的资金支持，农业面源污染将会得到缓解，进入农业的可持续发展期，此时人们会逐步提高对于农产品质量的要求，农户相应采取环境友好型农业生产方式，农业面源污染将得到极大改善。

2.4 产 权 理 论

科斯是现代产权理论的奠基者和主要代表，被西方经济学家公认为产权理论的创始人。科斯认为外部性的产生并不是市场制度的必然结果，而是由于产权没有界定清晰，有效的产权可以降低甚至消除外部性。并进一步形成科斯定理：只要产权是明晰的，私人之间的契约同样可以解决外部性问题，实现资源的最优配置。

环境产权（environmental property rights）是指行为主体对某一环境资源具有的所有、使用、占有、处置以及收益等各种权利的集合（马中，2006）。拥有一种环境资源的产权就是拥有这种资源使用的决策权和受益权，因此环境产权涉及一系列影响环境资源利用的权利，完备的产权应该包括资源利用的所有权利。由于环境包括自然环境和人工环境，因此环境产权也就分为自然环境产权和人工环境产权，具有整体性、公共性、稀缺性、广泛性等特点，不管从主体还是客体角度考虑，其产权都难以明晰确定。

在环境资源极其充裕的时候，一直被作为公共财产而被无偿使用。但是随着经济的增长、人口的增加以及污染的加剧，环境资源日益稀缺，其相对价格不断提高，而此时环境资源的零价格制度导致了环境资源的竞争性使用和质量的进一步降低。当环境资源的生产和消费出现了私人边际成本与社会边际成本的差异或私人边际收益与社会边际收益的差异时，就意味着环境资源的生产和消费出现了外部性问题。

　　就整个农业环境资源而言，它是典型的社会公共品，按传统的经济理论来说，政府是公共利益的代表者，也是农业环境、农业污染及其防控的必然代表，因此农业环境的污染及防控在产权上不具有明确的特征。但是农业环境形态的连续性以及边际的模糊性使得其不能像土地一样分割并分配给农户，因此将农业环境的纳污容量进行分割、分配以界定产权也是不现实的，从而难以落实农业环境的真正所有者和农业污染及其防控的真正责任者，由此导致没有人真正为农业污染及其防控负责。

2.5　物质平衡理论

　　在经济系统中，生产活动和消费活动是在进行一系列的物理反应和化学反应，遵从质量守恒定律。严格说来，标准的经济学分配理论是关于服务的，而不是关于物质实体的。物质实体只是携带某种服务的载体。无论商品是被"生产"还是被"消费"，实际上只是提供了某些效用、功能和服务。其物质实体仍然存在，最终或被重新利用，或被排入自然环境中。因此，经过生产过程和消费过程之后，商品的物质实体从原来的有用物质变成了无用的污染物。这些污染物通常只提供负服务，这些负服务最终流向消费者和生产者，不管他们是否需要这些服务。自发的市场交易过程对于这些负服务是无能为力的，但通过引入一些影子价格，可实现由物质平衡向价值平衡的转变。这样，赋予每一物流因子以真实价格，则在价格的调节下，整个物流系统的资源配置将会是有效率的，避免了"市场失灵"或是"政策失效"。

物质平衡理论的实际应用就是循环经济，即把经济活动组织成一个"资源—产品—再生资源"的反馈流程，所有的物质和能源要能在这个不断进行的经济循环中得到合理和持久地利用，从而把经济活动对自然环境的影响降到最低限度。

2.6　博弈论

博弈论，又称"对策论"，它既是现代数学的一个新分支，也是运筹学的一个重要学科。博弈论旨在研究不同行为主体的行为发生相互作用时的决策，以及该决策的均衡问题。当一个决策主体做出选择时，一方面受到他人影响，另一方面也对他人造成影响，该理论即研究这种相互影响下的决策和均衡。在博弈函数中，某一决策主体的效用函数不仅取决于自己的行动，同时也受他人的影响，在一定程度上取决于他人的行动。

博弈论一般分为两类，其一为合作博弈，其二为非合作博弈。前者是指决策主体的行为相互作用时，双方（或多方）能够达成具有约束力的协议；后者则相反。现今经济学家谈到的博弈论，通常指后者，这种情况显示两种诉求：一是强调个人理性，二是强调个人最优决策，并产生有效率和无效率两种可能的结果。纳什、泽尔腾和海萨尼等经济学家的贡献也是在非合作博弈方面。按不同角度，非合作博弈又分为以下几类。

（1）静态博弈和动态博弈。这个视角是按参与人的行动顺序来划分的，当博弈参与人同时行动，或虽不同时行动，但后行动者不知道先行动者采取的是何种行动，这种情况就是静态博弈；当博弈参与人不同时行动，有明确的先后顺序，先行动者对后行动者具有参照作用，这种情况就是动态博弈。

（2）完全信息博弈和不完全信息博弈。这个视角是按参与者之间信息的了解程度来划分的：当参与者相互之间对对方的特征、战略空间及支付函数等信息都有详细地了解时，即为完全信息博弈；反之，参与者之间信息不对称，则为后者。

在农业面源污染过程中，国家、地方政府，农户作为理性的参与人，相互之间进行博弈，国家出台相关政策的最终目的是获取最大的环境生态效用；地方政府则在实现国家规定的直接目标和生态环境效益之外，还想利用资金以获取经济效益、政绩效益；而农户眼里只有经济效益，要不要采取相关无污染处理和无污染生产，如何选择、选择的机会成本，都是他们考虑的因素。三方为实现自己的目标都会有所行动，而每一方的行动又会对其他各方的行动造成影响，因此三方参与人会根据自身利益及其他参与人的行动做出选择，得出最优行动策略。

第 **3** 章

国内外农业非点源污染控制
对策研究

3.1　农业非点源污染概述

　　农业生产造成的非点源污染可以分为两种形式：一种是地表水和地下水系的污染；另一种是通过挥发进入大气，影响了大气质量和全球气候变化。前一种污染形式早在 1979 年就已经引起了注意，而后一种在 20 世纪 80 年代以后才越来越为人们所关注。研究表明，来自化肥中的氮是导致非点源污染的主要原因，施肥量过大会导致肥料养分流失而进入环境，影响气候变化、大气平流层臭氧化、地表水和地下水质，致使赤潮频发（红藻爆发）和一些地区的渔业衰退。

　　对于农业非点源污染的控制，如何采取有效的激励政策和措施既是一个技术问题，也是一个社会经济问题。发达国家曾尝试过许多综合性措施，但由于多种原因，并不能保证这种措施成功地应用到发展中国家。但是中国目前所经历的农业非点源污染状况在欧洲、澳大利亚等一些发达国家和发展中国家都曾经发生或正在发生，因此总结国内外现有的控制对策将有益于我国农业非点源污染控制措施的日趋完善。

3.2　国际上的农业非点源污染控制对策概述

农业非点源污染问题不只是农业、农民问题，还关系到经济、市场、税收等方面，要制定出有效的控制对策必须从多个角度去考虑。目前国际上的对策包括技术、经济和政策等几个方面。

控制农业非点源污染的技术措施具体有七个：第一是确定氮肥的适宜施用量；第二是针对特定的土壤中其他养分的缺乏的平衡施肥；第三是化肥深施和其他形式的精准农业；第四是改善化肥使用时间和管理水平；第五是固氮作物进行轮作与间作；第六是采用免耕和其他水土保持技术，以降低由侵蚀引起的土壤颗粒表面磷和杀虫剂的流失；第七是采用缓冲带和转移排水渠的形式以截获自然植被或收获作物所流失的养分。

控制农业非点源污染的规章制度主要是控制区域或流域内商品肥料的施用水平和控制有机肥的施用时间和数量。经济或财政措施主要有取消商品肥料、杀虫剂生产和销售的所有直接与间接补贴，实行污染者付费原则，对商品肥料和杀虫剂征收销售税。在教育和自愿实行方面的措施主要是设立教育项目，提高农民的环保意识，推广自愿性质的肥料施用规范。

3.3　不同国家和地区控制农业非点源污染的做法

国际上针对农业非点源污染的控制对策并不能适用于所有的发达国家和发展中国家。一方面是由于发达国家和发展中国家所处的污染阶段不同，而经济发展的差异也导致许多降低非点源污染的管理措施不能适用于所有的农民；另一方面，保护环境与提高粮食安全和农民增收之间存在着很多平衡点，农业非点源污染正好处于这些平衡点的中心，因此，非点源污染可以减少，但是不能实现完全地消除。不同的政策、技术可以产生不同的效果，其经验是要根据实际情况制定和实施相关政策。

3.3.1　欧盟

欧盟实行了环境立法和共同农业政策来控制农业非点源污染。

环境立法包括《硝酸盐施用指令》《饮用水指令》《农药立法》等（周早弘等，2009）。《硝酸盐施用指令》主要内容包括：实施硝酸盐脆弱区行动计划并且每隔 4 年进行国际监测，在农田尺度上控制畜牧密度，制定禁肥期、坡地上施肥方法，建立缓冲带，确定化肥的存储量、施肥限额（肥料氮不能超过 170 千克/公顷）以及合理的肥料施用比例，调查冬季或者雨季植被的覆盖状况，记录施肥情况等。目前，所有成员国已经实施了硝酸盐的监测。《饮用水指令》主要内容包括地表水体的水体指令和关于地下水的级次指令。起草包括有具体措施的流域管理计划，制定关于营养物和农药残余的普通标准和特定情况下采取的更严格的标准，为成员国评价地下水化学状况提供指标，规定了地下水中硝酸盐的临界指标为 50 毫克/升，农药质量浓度的临界指标为 0.1 微克/升，还制定了其他一些污染物的临界指标，提供污染物浓度变化趋势的鉴定标准，制订了间接排放限额。《农药立法》实行双重的评估体系，在行业水平上评价各种用于农药生产的毒性物质的作用，合格品列入准许进口的货单中，各成员国可以检验并批准含有这些物质的农药产品投入生产，农民需要按照产品标签上的规定来施用，并对农产品中各种污染物的残留量分别做出规定，以确保人体摄入最低量的有害物质。

　共同农业政策两大支柱为市场支持和包括 11 条措施的农村发展项

目。市场支持包括建立直接付款的营销团体和采用诸如调节、存储这样的市场手段，目的是维持土地在良好的农业和环境条件下的持续利用。农村发展项目制定了农民在当地从事农业生产活动时应遵循的标准，各成员国制定的标准不能与欧盟通过的强制性环境要求的最低标准相冲突。该项目的两个重要保障措施是：农民为社会和农业环境的改善做出的贡献中超出政府所提供资金的那一部分应该给予补偿；行业立法设立新标准时，要对农业生产成本进行补贴使农民可以接受这个新标准。

3.3.2　澳大利亚

澳大利亚在非点源污染治理上使用了一种评估和改善环境状况的结构化系统——环境管理系统。这个系统具备管理团队目标明确、系统的各部分能充分发挥作用等优点，但是由于整体环境管理框架要求的书面工作很多，并不适用于过小的农场，同时缺乏明晰的奖励制度，很难维持农户参与的热情。

在澳大利亚治理非点源污染中，联合实施多种政策和手段的效果更好。例如，消除不适当的市场信号，包括化肥补贴等；在解决非点源污染问题的科学研究方面进行投资；在污染防治的教育与培训方面进行投资；建立基础性法规；在不断改善的基础上建立环境绩效评价的系统方法；根据绩效进行奖励等。这些方法既能考虑到当地的情况还便于用户使用，形式友好且灵活。

3.3.3　英国

通过评价，英国在全国确定了硝酸盐脆弱区，并设置了在硝酸盐脆弱区禁止施肥的封闭期。

英国关于施用化肥的规定是：农田在 9 月 1 日至次年的 2 月 1 日期间禁止施用，草地在 9 月 15 日至次年 2 月 1 日期间禁止施用。关于施用有机肥的规定是：秋季非耕种的农田在 8 月 1 日至 11 月 1 日期间禁止施用，草地和秋季仍然耕种的农田在 9 月 1 日至 11 月 1 日期间禁止施用。限制氮肥的使用量不能超过作物的吸收量，有机氮肥的最高施用量为 250 千克/公顷，耕作 4 年以上的农田应减为 170 千克/公顷。施肥规定还要求农户至少保存 5 年中种植作物、饲养动物和施用氮肥及有机肥的记录。

同时，还对肥料的使用方法进行了统一的要求。土壤在水涝及冻结状态下、在陡坡地、在靠近河道的 10 米内不能施用氮肥，要均匀和准确定量施用肥料。

3. 3. 4　日本

日本目前控制非点源污染所采用的技术有以下几种：一是施用硝化抑制剂，硝化抑制剂可以减少铵态氮肥在土壤中的转化过程中 N_2O 的释放和 NO_3^- 的流失；二是施用控释肥料，控释肥料可以通过协调养分释放与作物需要，减少 NO_3^- 的流失和反硝化损失来提高氮肥利用率；三是利用植物、地形等减少非点源污染，通过不同的土地利用方式控制非点源污染。例如，在旱地的氧化条件下，铵态氮通过土壤微生物作用氧化为硝态氮的过程中会产生 NO_3^- 的流失和 N_2O 的释放，从而导致氮肥损失和地下水污染，但是如果产生的 NO_3^- 和 N_2O 进入稻田中，而在还原条件下则会进行反硝化而生成 N_2，所以将旱地和水田组合成一个系统可以减少非点源污染。

有效控制非点源污染需要结合合理的政策和有效的农业措施。从 1992 年起，日本建立了发展农业的新政策，包括 1994 年的《可持续农业的指导》、1999 年的《可持续农业生产实践推广规范》、1999 年

7 月修正的《化肥控制规范》、1999 年的《畜禽粪肥利用推广及污染处理规范》等。目的是保持土壤肥力、再循环利用畜肥、减少点源和非点源污染中的氮负荷，推进农业环境保护，发展环境友好农业的最佳措施。

3.3.5　越南

越南采取的控制措施包括：进行肥料立法（2003）、控制质量和价格（2000）、进行提高肥料利用率的研究（1980）、建立友好施肥体系（1990）、定期评价农村地区施用牲畜粪便和化肥对环境的影响（2000）、利用环保的高新技术生产肥料（2004）、利用大众媒体及学校向不同的利益群体介绍非点源污染的治理知识（2000），等等（朱兆良等，2006）。

3.3.6　美国

美国是一个有着深厚法治、民主基础的国家，很多法律明确规定了公众参与环境决策的相关方式与程序。在农业面源污染方面，《清洁水法》《联邦水质保护法案》《资源保护与土壤恢复法》中均涉及公众参与的要求、程序与方式，主要有以下两个方面。（1）政府信息公开并接受质询。联邦及地方各级政府机构应定期发布农业面源污染的数据、环境政策、防治计划、处理结果等相关信息，必要时，政府机构及其公职人员要接受公众质询，让公众有知情权。（2）组织公众参与听证。一直以来，听证是公众参与社会公共管理的一项重要程序，遇到重大的涉及面源污染的政策要公开组织听证。在涉及农业面源污染问题时，政府相关部门应该提前将听证会的时间、地点、议程、参与人等信息告知大众，让民众有权在听证会上发言，并且发言可以获得责任豁免权。

1. 排污许可交易

农业面源污染容易受到气候、地理环境等自然因素的影响，法律法规难以对污染排放标准进行明确规定，因而降低污染的效果不是很明显。美国探索了一种新的许可交易制度，即将农业点源污染与面源污染信贷结合的交易制度，就是在点源与面源污染交易过程中，限定某一点源污染物的排放总量，并允许其与面源污染者之间进行交易，点源污染者可以从面源排污者处购买排污许可交易，从而降低排污成本。当前，这种交易方式是美国市场型管控的主要手段之一。

2. 环境补贴

一直以来，在农业环保领域推行补贴政策是美国农业与耕地保护政策的一部分。从 1934 年的《泰勒放牧法》开始，美国陆续实施了"耕地轮休计划""耕地保护与整治计划""土地银行计划"等系列措施，其核心内容就是政府通过经济补贴的方式，激励农场主对耕地进行退耕还林、退耕还草、休耕还林、免耕还林等，防止土壤受到侵蚀，增强土壤的肥力。环境补贴是依据美国每五年修订一次的农业法案确定的，在对当年或下一年农产品销售量有效评估的基础上，确定该农产品的实际种植、休耕面积，计算农民因此造成的损失，再由联邦政府予以补贴。环境补贴是一种市场行为，农产品市场需求量的大小会影响发放的补贴金额。

3. 环境税费

环境税费是一种重要的宏观调控手段，在农业面源污染防控中起到重要的作用。在美国，各类农用化学品在生产、销售过程中均需要缴纳各种税费。截至 2014 年底，有 42 种农用化学品要缴纳近 10 项税费。当然，不同的农用化学品的税率是不同的。如果这些农用化学品是用于出口的，则可以予以免税。

3.4　我国农业非点源污染控制的现状及挑战

　　我国控制农业非点源污染的政策框架基础有：《中华人民共和国环境保护法》（1989）、《中华人民共和国水污染防治法》（1984、1996）、《中华人民共和国土地管理法》（1998）、《中华人民共和国水土保持法》（1991）、《中华人民共和国农业法》（2003）、《退耕还林条例》（2002）、《农产品质量安全法》（2006）、《畜禽养殖污染防治管理办法》《畜禽养殖业污染物排放标准》和《畜禽养殖业污染防治技术规范》。

　　为减少种植业带来的农业非点源污染，我国政府加强了"菜篮子"基地环境监测的试点工作，拟定了种植业产地环境评定的准则和标准，还进行了非点源污染现状的调查试点，并发布了《国家有机食品生产基地考核管理办法规定》，2003年在辽宁省命名了第一批10个国家有机食品生产基地，2005年又在上海、内蒙古、辽宁、吉林、江苏、浙江、安徽、江西、山东、广西、青海等11个省份命名了33个国家有机食品生产基地。2003~2005年由中央财政每年拨款1 000万元作为畜禽养殖污染防治示范工程项目的补助资金。为了有效推进农业非点源污染控制工程，我国还重点开展了生态示范区建设、小城镇环境保护等，利用化肥、农药等对农业非点源污染的形成因子作为控制指标创建"环境优美乡镇""生态文明村"，以区域整体推进的方式加强对农业非点源污染的控制。

　　然而我国农业非点源污染的程度都已经超过欧美国家，治理难度也远远超过发达国家。由于在制定农业非点源污染的控制对策时要统筹考虑农民收入、农村地区基础设施建设以及农业产业政策，尽管已经有一些行之有效的措施，但是仍面临着如何协调提高粮食产量与控制非点源污染之间关系的问题。这可以通过提高技术适宜性和政策应对来降低协调的难度，但是如何制定正确的产业政策和加强农业技术推广服务，以促进已有技术在农业中的作用，则成为关键。

3.5 我国农业非点源污染控制对策的发展趋势

3.5.1 国家政策框架

（1）在农业产业及技术体系方面，完善《中华人民共和国农业法》及配套政策，促进农业产业结构调整，改进农村土地政策，加强基本农田保护，实行农业绿色补贴政策，加强食品安全管理和农业生产资料管理，建立生态农业、有机农业试点和示范区；调整农业技术政策，提高农业生产标准化水平，推动技术创新（精准农业、平衡施肥等）和农业环境技术创新，发展技术推广体系等。

（2）在政策管理体系方面，完善农业与农村环境法规、标准体系，调整主要环境法律、法规。增加非点源污染防治内容，为区域和流域防治非点源污染进行环境立法，实行农药、化肥、畜禽养殖等单项管理法规制度。强化农业非点源污染环境管理职能，建立综合协调机构，强化环保部门对农村与农业环境保护的管理职能，加强非点源污染监测。

（3）在资金来源及管理体系方面，建立投融资和财政补贴机制。明确农村非点源污染控制实施的供给主体，划分环境事权，采用财政融资、政策融资和市场融资相结合的融资手段。将这一部分财政补贴纳入政府公共财政预算，加强环保统一监管和参与引导投资能力，实行债券融资（绿色债券、环保彩票），吸引国内外金融组织优惠贷款，吸引民营企业加入，采取多种形式合作等。

（4）在监测和统计体系方面，规范农村非点源污染监测的法律体系、指标体系和管理系统体系，建立农村非点源污染水质监测体系、水环境影响监测体系、农业和土地利用系统体系，并对已经实施的控制技术和措施进行记录，将监测和统计结果的信息公开。制定技术指南和标准体系时应以技术使用和可行、经济—生态效果良好、成本—效果最优、农民自愿实施为原则。

（5）在社会支持体系方面，实行鼓励性政策，吸引农民与公众参与；开展农业环境教育，使农民志愿参与非点源污染控制。

3.5.2　实行绿色税制

绿色税制是税收体系中与环境、自然资源利用和保护有关的各种税种和税目的总称，包括污染物排放税、自然资源税、生态税以及各种与生态有关的税收调节手段。目的在于通过调节市场价格，改变市场信号，鼓励采用有利于生态环境的生产方式。因此我国的税制改革有以下几个趋势：一是资源费改税，例如将水资源费、渔业资源费、野生动物资源费、矿产资源补偿费、林政保护建设费等并入相应的资源税；二是开征专门的环境税，按具体课征对象分为不同的组成部分；三是改善现行税制的环保功能，税率设计不仅考虑不同类型土地的出租成本，还要考虑生态环境成本，适当提高资源税的征收标准，对污染程度不同的资源可以实行差别税收，对非再生性、非替代性、特别稀缺的资源实施重税；四是完善配套措施，在资源、要素投入方面，过去存在着较多的间接补贴，如过低的水价、农药、化肥价格等，从而激励了这些要素的过度使用，可以结合农村税费改革（特别是国家取消农业税），改为对农民给予直接补贴。

3.5.3　开发基于 CIS 的灌溉和氮肥管理方面的决策支持工具

氮肥在我国农业高产区维持产量方面起到很重要的作用，然而由于缺乏节水和合理施肥的激励机制等原因，像华北平原等普遍存在着氮肥使用过量的现象。因此，有必要开发基于空间数据的决策支持系统，为政府制定相应的政策提供支持。

水氮管理模型（WNMM）是针对华北平原旱作系统设计的，可以模拟土壤水分运动、蒸发及作物蒸腾、地下水水位变动、土壤温度状况、土体中的溶质迁移、农作物和牧草的生长状况、土壤—植物系统中的氮碳循环（包括 CO_2 释放、硝化/反硝化作用、N_2/N_2O 释放和 NH_3 挥发）以及农业管理（包括耕地、种植、施肥、灌溉、收割及放牧）的影响。模型还建立了农业决策支持系统（ADSS），可以帮助设计最佳的农田水分和氮素施肥管理方式。利用 WNMM 中的"情景分析"功能，输入不同管理方式参数，评价其作物生产、经济效益和环境影响，形成最佳的农田水氮管理方式。

3.6 结 语

农业非点源污染已经成为一个广泛存在的污染类型，引起了全球范围的重视。对于它的治理要从污染源头、疏散过程及受纳环境等三个主要过程进行全面的控制，同时它又具有明显的区域性，因此在制定控制对策时要因地制宜，将成功的经验与实际情况相结合，采取全面综合的控制对策。

第 4 章

我国农业面源污染现状及防治措施

面源污染是相对于点源污染而言的，来自于非固定的散播污染源。农业面源污染是指在农业生产过程中，氮磷等营养物质、农药及其他有机或无机物质，通过农田地表径流、农田排灌和地下渗透等进入水体、土壤、大气而形成的农业环境的污染。污染的强度受污染发生地的土壤类型、土地利用类型、地形条件和气象条件的影响，具有显著的地域特性，这对于其防控措施的设计和实施有着极大的挑战。

4.1 农业面源污染现状

随着我国人口增加、社会经济发展尤其是城市化进程的推进，我国人多地少的资源压力越发沉重，迫使我国通过在农业生产上大量施用化肥、农药和地膜以及扩张规模化畜禽养殖等现代农业手段来提高耕地单产、畜禽肉蛋产量以满足人们的消费需求。《中国农村统计年鉴》数据显示，我国农业化肥使用量的增速越来越快，在 2015 年已经超过了6 000万吨。目前我国农业化肥使用量占全球的 1/3，农业化肥的使用率已经大大超过世界平均值和安全阈值。众所周知，我国农业化肥主要是氮、磷、钾三种，均属于高残留肥料，再加上我国农民不能合理控制化肥喷洒时间和用量，就不可避免地产生农药与化肥使用的不合理性。据统计，我国农业化肥与农药残留高达 76.79%，而化肥与农药的利用率仅仅为 30% 左右（李凡军，2018），高浓度的残留不仅渗透到土壤中，破坏土层结构，还对农田附近的水体造成毁灭性的破坏。因此在农业增产、农产品多样化的同时也造成了我国农业生态环境乃至整个自然环境的严重污染，对食品安全产生了极大的影响。目前我国农产品污染物超标严重，污染物在农副产品中积累极为普遍并呈上升趋势。有调查显示，我国每年因土壤污染而损失和减产的粮食有 2 000 多万吨，直接损失达到 200 多亿元；全国有三亿多农村人口存在着饮水水质不安全的问题；全国大城市蔬菜批发市场的蔬菜农药总超标率超过 50%（李洁等，2007）。农业生产造成污染的主要是化肥污染、农药污染、集约化养殖场污染等，具有分散性、随机性、难以监测性和空间异质性等特征，其防控在我国联产承包责任制为主的经营体制下难度非常大。

4.1.1　农药使用及污染

我国是世界上农药生产和使用的大国。自 1990 年起农药生产量仅次于美国，位居世界第二位。从 1998 年开始，我国农药的年使用量（包括有效成分和各种辅剂）均在 120 万吨以上。由图 4-1 可以看出从 1998 年到 2015 年，我国农药的使用量增长了 44.75%。通过对《中国农村统计年鉴》（1999~2016）中农药使用量的分析，农药施用水平总体上呈现出从西到东、从北到南的分布趋势，使用量较高的地区主要集中在东南沿海各省及湖北、湖南、安徽、江西、河南、四川等农业大省。目前农药使用量最多的作物是蔬菜、果树和粮食作物（水稻、小麦），主要以杀虫剂为主，其中高毒农药品种仍占相当高的比例。

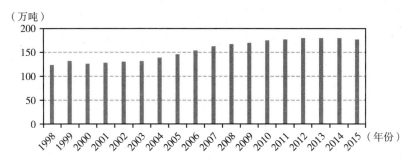

图 4-1　1998~2015 年我国农药的使用量

资料来源：中国农村统计年鉴（1999~2016 年）。

农药是农业的直接污染源之一，其施用的大量超标和不对症施用是导致污染的根本原因。农药污染主要表现在蔬菜中的残留量超标，尽管我国制定了农药合理使用规范和最高残留限量标准，但据 2000 年农业部科教司组织省级农业环境监测站对全国 16 个省市区的省会城市蔬菜批发市场的监测结果表明农药总超标率为 20%~45%，重金属总超标率为 8%~20%，并监测出了 9 种违禁农药中的 8 种。据报道，长江、松花江等重要河流都已不同程度地遭受农药污染。在江苏、江西以及河北等地的地下水中也已发现有六六六、阿特拉津、乙草胺、杀虫双等农药的残留。

4.1.2　化肥使用及污染

农业生产中化肥的大量不合理使用是导致农业污染的另一个主要原因。可用于监视化肥污染源的主要宏观指标为化肥总施用量和氮、磷、钾细分化肥施用量以及单位耕地面积的施用量。目前我国已经成为世界上最大的化肥生产国和消费国，化肥的施用量增长迅猛（见图 4-2）。据统计，2015 年全国农用化肥施用总量为 6 022 万吨，是 1980 年使用量的 4.74 倍；单位面积耕地化肥施用量为 446.1 千克/公顷，是安全上限的 1.98 倍。然而我国化肥平均利用率却不及西方发达国家 50%。在过量施肥的同时，还存在着氮、磷、钾施肥比例的不科学不合理。由图 4-2 可以看出，长期以来我国化肥使用中以氮肥为主，磷肥和钾肥使用量过少，特别是钾肥。

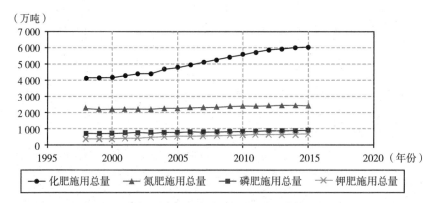

图 4-2　1998~2015 年我国化肥的使用量

资料来源：中国农村统计年鉴（1999~2016 年）。

在化肥造成的污染中，氮肥的不合理施用受到广泛关注。据估算，除 N_2 外化肥氮的损失中对环境质量有影响的各种形态的氮素总量约为其施用量的 19.1%（见表 4-1）。2004 年我国农田化肥氮通过损失进入环境的数量达到 493.4 万吨；其中通过淋洗和径流损失分别有 129.1 万吨氮进入地表水，51.7 万吨氮进入地下水；还有 28.4 万吨氮以 N_2O 形态、284.1 万吨氮以 NH_3 形态进入大气。这些流失的氮导致地表水的富氧化、地下水的硝酸盐富集以及大气温室气体的增加，制约了社会经济的可持续发展，损害了人类的健康。

表 4-1　　我国农田化肥氮在当季作物收获时的去向及其对环境的影响

氮的去向	比例（%）	环境影响
径流	5	地表水富氧化、赤潮
淋洗	2	地下水硝酸盐富集
表观硝化—反硝化	34	形成酸雨、破坏臭氧层
氮挥发	11	大气污染、酸雨
作物回收	35	

化肥污染还同土地利用方式有关，不同的土壤耕作方式所形成的化肥流动性也有所不同，化肥对水田、水浇地和旱地的污染程度递减。研究统计表明，在南方高降雨地区和灌溉的蔬菜地系统中氮素的淋失较高。

4.1.3　畜牧粪便污染

近年来，畜禽和水产养殖业发展迅猛，畜禽粪便污染也成为农业污染的大户。随着养殖业的迅猛发展，养殖区域也逐步由牧区向农区、由城市向城市近郊、由散养向规模化、集约化发展。

畜禽粪便及水产养殖废弃物的无害化处理和综合利用的不足，直接导致了其对环境的污染。据相关研究测算，2009 年畜禽粪便排放总量为 32.64 亿吨，是同时期工业固体废弃物排放量的 1.6 倍（张田等，2012）；2016 年全国畜禽粪便的产生量约为 23.80 亿吨，相比 1980 年增长 45.7%（石晓晓等，2021）。我国对有机肥的重视还未达到应有的高度，畜禽业的迅速发展与排污管道和污水集中处理系统的缺失，导致本为养分源的畜禽粪便成为污染源。长期以来，我国的畜禽粪便和养殖废弃物基本上都是直接向自然环境排放，或直接还田，造成农田有机养分严重超负荷，土壤生态功能丧失。

4.1.4　农业废弃物污染

我国农作物秸秆主要来自水稻、小麦、玉米、棉花、豆类、油料、糖类，还有后来增加的蔬菜及花卉，其总量从 1983 年到 2006 年增加了近一倍。其中水稻等谷类作物秸秆产量最大，而玉米秸秆、糖类秸秆和油类秸秆的数量则增长明显。我国农作物秸秆的利用率不高，据相关研究测算，2014 年我国农作物秸秆资源理论总量跃居 7 亿吨以上，可收集利用秸秆资源量为 4.9 亿吨左右（高中坡等，2021），且农业农村部测算农作物秸秆综合利用率不足 80%，不被循环利用的秸秆多直接焚烧，从而造成大气污染；秸秆焚烧后的草木灰有机质通过淋溶、地表径流等途径大量流失，也会严重的污染水体；秸秆焚烧还增加了农村地区空气中的二氧化碳浓度和温室气体排放量。这些都严重影响了农村的环境卫生，对人类健康形成很大的危害，同时给交通、航运等带来安全隐患。

4.1.5　农膜残膜污染

我国 20 世纪 60 年代从日本引进覆膜种植技术，目前是世界上最大的农膜使用国。我国农膜、地膜和地膜覆盖面积均呈现逐年递增趋势（见图 4-3）。由于农膜生产标准不统一，过薄的农膜增加了回收的难度，形成大量废弃物残留在田间、河湖沟渠，严重影响了农村环境。截至 2017 年，我国当季农膜回收率不足 70%（高忠坡等，2021）。由于我国使用的大部分薄膜是不可降解塑料，在土壤中自然降解需要 200 年以上的时间，随着地膜使用年限的增长，日积月累的残膜碎片将改变土壤

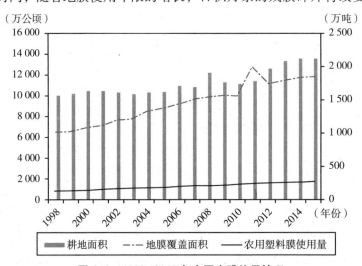

图 4-3　1998~2015 年中国农膜使用情况

资料来源：中国农村统计年鉴（1999~2016 年）。

的物理性状，导致土壤肥力下降，造成农作物的减产，对农业的可持续发展造成不可忽视的威胁。调查显示，在长期使用地膜覆盖的农田中地膜残留量一般在60~90千克/公顷，最高可达165千克/公顷（肖军等，2005）；同时地膜被埋进不同深度的耕地中，可能使小麦减产15.3%~46.2%左右，对花生减产率高达32.9%（赵素荣等，1998）。这些研究结果均表明农膜残留对农作物产量有着一定程度的影响。此外，部分农膜的化学毒性对人体和动物都会造成伤害。

4.2　农业污染分布特征

化肥污染与单位耕地面积上的化肥施用量关系密切。2015年单位耕地面积化肥施用量超过900千克的地区包括广东（980.56千克）、福建（926.44千克）；其次是河南、海南、江苏、湖北、山东、湖南、广西、陕西、安徽、上海、河北等11个省份，单位耕地面积化肥施用量依次在514~883千克左右；再次是天津、北京、新疆、江西、浙江、重庆、云南、四川、吉林、宁夏、辽宁、山西、内蒙古、贵州等14个省份，单位耕地面积化肥施用量依次在229~449千克左右；最后是甘肃、青海、黑龙江、西藏，依次在200千克以下。

农药污染与单位耕地面积上的农药施用量关系密切。2015年单位耕地面积农药使用量超过40千克的地区包括海南（54.83千克）、广东（43.50千克）和福建（41.76千克）；其次是江西、湖南、浙江、上海、湖北、山东、安徽、江苏、广西、河南、甘肃、北京、河北、辽宁等14个省份，单位耕地面积农药使用量依次在10~30千克左右；再次是云南、吉林、四川、天津、山西、重庆、黑龙江、新疆、内蒙古、青海、陕西、贵州、西藏、宁夏等14个省份，单位耕地面积农药使用量依次在10千克以下。

地膜污染与单位土地面积上的地膜使用量关系密切。2015 年单位耕地面积地膜使用量超过 20 千克的有新疆（44.61 千克）、上海（24.91千克）、福建（23.01 千克）、海南（21.33 千克）和甘肃（21.26 千克）；其次是山东、浙江、云南、四川、湖南、北京、江西、天津、青海、河北等 10 个省份，单位耕地面积地膜使用量依次在 10~20 千克左右。此外经过计算地膜覆盖率发现，华南地区和海拔较高地区的地膜使用量较高，其中新疆的地膜覆盖率达 66.75%；其次是山东、甘肃和湖南，分别为 28.54%、25.95% 和 17.27%；再次是河北、云南、宁夏、天津、四川、山西、江苏、内蒙古、河南、青海、陕西、福建、上海、重庆等14 个省份，地膜覆盖率依次在 10%~17% 左右。[①]

4.3 防治农业污染的现有措施

4.3.1 农药污染防治

目前我国已经形成了较完整的农药管理法律、法规和技术规范体系，制定了《农药管理条例》《农药限制使用管理规定》《农药残留试验准则》等一系列的条例办法。2002 年 6 月 5 日发布的《中华人民共和国农业部公告第 199 号》中列举出国家明令禁止使用的农药和在蔬菜、果树、茶叶、中草药材上不得使用和限制使用的农药名单，并于2006 年 11 月 1 日开始施行《农产品产地安全管理办法》。我国先后颁布了不同农药在几十种农副产品中的几百项农药最高残留限量标准，详细规定了某种作物所用某种农药、剂型、施药距收获的天数等。

---

① 单位耕地面积化肥、农药和地膜使用量，以及地膜覆盖率均通过《中国统计年鉴》数据计算所得。

在法律体系逐步完善的同时，农药管理体制也逐步形成，各级人民政府在职责范围内负责相关的农药监督管理工作。同时通过发展有机农产品认证，积极培育有机农产品市场，实现农产品优质高价，鼓励不使用农药而采用生物防治的有机农产品的生产，从根本上消除农药污染。

目前我国农药污染防治还存在一定的局限性，主要表现在：农药的产品结构、产量结构均以杀虫剂为主，尤其是有机磷杀虫剂及其高毒品种比例大、产量高，同时高效低毒农药价格昂贵，影响农业生产效益，推广受到阻碍；农业技术推广部门改变体制后，从单纯的农业技术咨询转变为咨询与经营相结合，客观上削弱了农药安全监管的职能；有机农产品认证制度还不健全，成本高，较难实现优质高价，推广困难。

4.3.2　化肥污染防治

我国现行的化肥污染防治办法主要有：（1）推广配方施肥技术，根据作物需肥规律、土壤供肥性能和肥料效应平衡施肥，减少氮肥施用量。（2）改进施肥方法，比如施肥时间、方式等，还有氮肥深施，主要是指铵态氮肥和尿素肥料。据农业农村部统计，在保持作物相同产量的情况下，碳铵的深施可提高 31%~32% 的利用率，尿素可提高 5%~12.17%，硫铵可提高 18.19%~22.15%，而磷肥则按照旱重水轻的原则集中使用。（3）增施有机肥，包括秸秆、畜禽粪便、绿肥等，减少化肥施用量。（4）采取合理的农艺措施来减少化肥污染，比如实行引草入田、草田轮作、粮食经济作物带状间作和根茬肥田等形式。

目前化肥的污染防治还有部分局限性，主要表现在：（1）服务性措施缺乏。农民大多根据经验来施肥，尽管有些农民知道化肥的不适当使用会造成负面影响，但由于短期内能为农民带来收益的技术缺乏推广和培训，农民已养成依靠多施化肥增产的习惯，短期内明显减少化肥施用量较为困难。（2）相关政策和技术缺乏持续性。公众对化肥使用的关注度在于实现长期环境安全，而对于农民来说，关注的则是化肥对产量提高和收入增加的重要性，因此二者之间的差异导致现有政策和技术缺乏持续性。（3）有机肥利用条件缺乏。有机肥是化肥的替代品，但是有机肥的贮存、运输等过程都需要占用劳动力，目前城镇化发展和农村劳动力价格增加导致有机肥生产的机会成本增加，不利于有机肥的生产。

4.3.3 畜牧粪便污染防治

防治畜禽粪便污染的关键在于实行畜禽粪便源头控制技术和畜禽粪便的资源化技术。国家环保总局于 2001 年发布了《畜禽养殖污染防治管理办法》，进行区域环境规划，以环境容量来控制养殖场的总量规模，调整养殖场布局，划定禁养区、限养区和适养区，并制定了养殖业污染排放标准。目前在畜禽粪便资源化技术上较为广泛应用的有：饲料化利用技术，通过直接、青贮、干燥、分解等办法将畜禽粪便作为饲料；肥料化利用技术，传统的肥料化技术有填土、垫圈或堆肥，如今主要研究的有堆肥方法、厌氧发酵法、快速烘干法、微波法、充氧动态发酵法等；能源化技术，采用以厌氧发酵为核心的能源环保工程是畜禽粪便能源化利用的主要途径，它不仅提供清洁能源——沼气，还能消除臭气、杀死致病菌和致病虫卵，既解决了畜禽粪便污染问题，又能形成安全清洁的能源。

畜禽粪便污染防治还存在一定的不足，主要表现在：尽管畜禽养殖业的规模化和集约化程度不断提高，但是配套的治污接口技术发展相对较缓，再加上高效化肥的大量应用，导致畜禽养殖业逐渐从农业生产体系中脱离出来，种植业、养殖业严重分离，增加了"粪污—沼气—肥料"这一良性循环的难度和成本；畜禽养殖业的发展和污染治理还没有形成全局性规划和布局，大型畜禽养殖场周边的耕地无法消纳所产生的粪便，增加了消纳粪便的运输成本，而小型畜禽养殖则未纳入统一审批，常建于农户屋舍及农田旁边，粪便资源化程度不高，产生的粪便大多不经过处理直接排入地表水或耕地，造成污染；畜禽养殖业污染治理缺乏鼓励措施，企业往往因为经费问题对粪便处理不理想，也导致了有机肥价格过高。

4.3.4　农作物秸秆污染防治

国家环保总局于 1999 年发布了《秸秆焚烧和综合利用管理办法》，对农业秸秆的种类、焚烧区域和监管部门及其职责做出了规定。在全面禁止农作物秸秆焚烧的同时大力发展作物秸秆利用技术。第一是肥料化利用技术，主要有秸秆还田，包括直接还田、间接还田；第二是饲料化利用技术，将作物秸秆通过氨化、青贮、微贮或直接喂养牲畜；第三是将秸秆能源化利用，利用沼气进行发酵，与畜禽粪便等有机废弃物一起转变为有用的资源进行综合利用；第四是秸秆气化，气化后的可燃气体可作为锅炉燃料与煤混燃，也可作为管道气为城乡居民集中供气，目前秸秆气化方面的技术已经成熟，具备大规模推广的价值。

农作物秸秆污染防治局限性主要表现在：农作物秸秆的禁烧令虽有成效，但仍然无法全面制止，主要由于现有法规政策偏重于倡导性意见，缺乏稳定性和长效性；缺乏农作物秸秆防治和综合利用技术的体系化和系统性，降低了其推动和执行力度；秸秆利用费时费力，劳动力价格的增长对沼气生产、秸秆气化、秸秆被用作农村生活燃料和利用秸秆沤制有机肥均有不利影响。

4.3.5　农膜残膜污染防治

调查显示，相对于使用期长且易回收的棚用塑料薄膜而言，地膜残留是我国农膜污染的主要来源。目前针对农膜污染的防控主要从两方面进行：一方面致力于研制开发可控降解地膜，已有的种类包括光降解地膜、光生物降解地膜和生物降解地膜；另一方面通过合理的农艺措施，增加农膜的重复使用率，如一膜两用、一膜多用等成熟技术已经在农业生产中得以广泛应用，相对减少了农膜使用量。

农膜残膜污染防治的局限性主要表现在：农膜生产标准不一样，为迎合农民降低生产成本的心理，地膜的厚度越来越薄，一般达不到国家规定的标准，从而增加了地膜回收的难度，在经济上得不偿失；此外可降解地膜的廉价开发是其能广泛推广使用的关键，尽管我国一些厂家生产出可降解地膜投入市场，但价格相对较高，较难推广；残膜回收价格低，农民没有收集残膜的积极性。

第5章

防控农业污染的管理体制与机制研究

5.1 现有农业污染防控中的体制与机制问题

5.1.1 行政管理机构权责不明、缺乏协调

我国现行的环境管理体制仍是按辅助性原则为依据的统分结合的多部门、多层次的执法管理体制，在《中华人民共和国环境保护法》的规定下，省、市级政府建立生态环境专门机构，工业较集中的县、镇一般也设立专门机构或由有关部门兼管，甚至在较大的工矿企业也设有环保科、室与环保专职人员。这样形成了执法主体势力割据的局面，致使权责不明，权力过于分散，从而使一些省、市级环境保护专门机构变成了本地区行政机关的附属机构。在农业环境方面，尽管我国已经将农业和农村环境纳入各级政府环保部门的工作内容，但实际上由于大部分乡镇及以下广大农村缺乏环保机构和相关工作人员，有关农业农村环境的工作职能及管理权限都对应分散于农业、林业、水利和交通等各政府部门，造成部门间协调成本过大，工作效率不高。同时，没有部门对农村环境及污染防控专门有效负责。政府职能部门的工作重点往往放在提高本地区的经济效益上，忽视了环境效益与社会效益；环保部门的工作重

心一直放在工业污染和生活污染上；而农业部门的重点目标和任务则是调整产业结构、实现农业增长和农民增收，对于伴随农业产业结构调整出现的种种环境问题，缺乏完备的法律法规和管理手段。

2018 年国务院部门调整方案指出：我国将实行最严格的生态环境保护制度，构建政府为主导、企业为主体、社会组织和公众共同参与的环境治理体系，为生态文明建设提供制度保障。设立国有自然资源资产管理和自然生态监管机构，完善生态环境管理制度，统一行使所有国土空间用途管制和生态保护修复职责，统一行使监管城乡各类污染排放和行政执法职责。强化国土空间规划对各专项规划的指导约束作用，推进"多规合一"，实现土地利用规划、城乡规划等有机融合。国务院组建生态环境部，将环境保护部的职责，国家发展和改革委员会的应对气候变化和减排职责，国土资源部的监督防止地下水污染职责，水利部的编制水功能区划、排污口设置管理、流域水环境保护职责，农业部的监督指导农业面源污染治理职责，国家海洋局的海洋环境保护职责，国务院南水北调工程建设委员会办公室的南水北调工程项目区环境保护职责整合，作为国务院组成部门。新的部门调整完毕之后，农业面源污染管理权责不明的情况有望得到改善。

5.1.2　相关法律法规不健全

我国目前建立了由国家法律、国务院行政法规、政府部门规章、地方性法规和地方政府规章、环境标准、环境保护国际条约组成的完整的环境保护法律法规体系。如《中华人民共和国环境保护法》《中华人民共和国水污染防治法》《中华人民共和国大气污染防治法》《中华人民共和国固体废物污染环境防治法》《中华人民共和国水土保持法》《中华人民共和国防沙治沙法》《中华人民共和国环境影响评价法》《中华人民共和国草原法》《中华人民共和国渔业法》《中华人民共和国水法》《中华人民共和国清洁生产促进法》等。但对于污染防控的重点仍在城市和工业方面，现有的环保法律和法规均侧重于工业和城市污染控制，对农业污染控制考虑不足，国家级的农村环保法律法规较少，农村污染防治的一些专门法规缺位。对污染物排放实行的总量控制制度只对点源污染的控制有效，对面源污染防治则收效甚微；在落实环保法律法规、环保的执法力度等方面也是城市好于乡镇。2018 年 11 月 8 日，生态环境部通过《农业农村污染治理攻坚战行动计划》，要实施"一保两治三减四提升"，即保护农村饮用水水源地，治理农村生活垃圾和污水，减少化肥、农药使用量和农业用水总量，提升农业面源污染水体水质、农业废弃物综合利用率、农村生态环境监管能力和农村居民生态环境保护参与度。农业面源污染有望得到控制。

5.1.3　长效机制尚未形成

由于目前我国尚未建立从中央到地方的完整的农村环保工作体系，大部分农村未成立监测机构，因此没有形成完整有效的农业污染监测体系。对于农村污染的相关数据不能形成定期公报制度，导致信息严重不对称，不能更好地服务于农村环境政策的准确界定，也不利于提高公众的认识度和关注度。同时由于农村污染防治中的经济激励和政策激励机制缺乏广泛的应用，目前还不能形成适合于农村环境污染防控的长效机制。

5.1.4　污染防控的投入机制有待改善

城市和工业污染治理的资金投入主要来源于国家提供，但是农村污染的防控、治理之前是由集体提供的，在改革之后形成由乡统筹、村提留、义务工和积累工等形式投入。这种投入机制进一步加剧了城乡二元结构。农民增收问题一直是解决"三农"问题的重点，目前大部分农民没有过多的能力参与到农业的污染防控中来。农村又几乎不能从财政渠道得到污染治理和环境管理建设的支持，使得农村环境污染治理无法有力开展。同时，针对农村污染的具体技术模式大多处于试验研究阶段，在得不到国家充分支持和投入的情况下，农村只能盲目照搬末端治理污染的模式，这对于具有不确定性、隐蔽性和不易监测性的农业污染很难起到有效的遏制作用。

5.1.5 环保农业生产资料研发生产激励机制缺失

我国农业的特点是粗放型家庭经营的小农经济，农民对化肥和农药已经形成了依赖性，加上国家为了平抑物价上涨，对传统化肥农药等都实行财政补贴，但没有对环保型生物肥料、生物农药和先进实用农业技术等产业的发展给予相应的对待，使得本身就处于初级阶段的环保型农资产业难以生存和发展。这也导致目前形成期望农民提高环保生产意识的同时却不能为其提供足够选择的高效环保新型生产投入品的错位。

5.1.6 生态补偿机制存在缺陷

第一，生态补偿的主体单一，以从中央到地方转移支付的纵向补偿为主，缺乏区域间、流域上下游间、不同社会群体间的生态横向转移补偿机制，形成了"少数人负担，多数人受益""上游地区负担，下游地区受益""贫困地区负担，富裕地区受益"的不合理局面；第二，生态补偿体制部门色彩强烈，补偿管理部门多元化，责任主体不明确，在监督管理、整治项目、资金投入上难以形成合力，补偿资金使用不到位，生态保护效率低下；第三，生态补偿机制主要以"项目工程"补偿为主，导致生态政策缺乏长期性和稳定性；第四，生态补偿标准"一刀切",导致政策实施脱离实际,形成"过度补偿""低补偿"和"踩空"现象,尤其是部分地区由于补偿标准低不能满足农民的生活需要。

5.1.7   绿色环保农业生产宣传机制缺失

目前的农业、环保、质检、食品、卫生等政府主管部门,面对庞杂的农业面源污染,几乎是黔驴技穷、束手无策,只是一味地强调加强管理,很少针对农民开展绿色环保农业生产宣传。即使意识到了宣传工作的重要性,也因为没有这方面的专门经费而被搁置。

5.2   综合防控农业污染的高效管理体制与机制

5.2.1   行政监管体制

在主要的环境法律、法规中加入非点源污染防控的内容,对区域和流域非点源污染的防控进行立法,并实行农药、化肥、畜禽养殖等单项管理法规制度,形成完善的农业和农村环境法规、标准体系,规范农村非点源污染监测的法律体系、指标体系和管理统计体系。

在形成完善政策法律体系的同时,建立综合协调机构,加强环保部门对农业环境保护的管理职能,强化农业非点源污染的监测和防控,建立农村非点源污染水质监测体系、水环境影响监测体系、农业和土地利用统计体系,并对已经实施的控制技术和措施进行记录,将监测和统计结果的信息公开。制定技术指南和标准体系时应以技术适用和可行、生态与经济效果良好、农民自愿实施为原则。

5.2.2 部门作用整合机制

首先要明确各级政府部门、行业和企业、社区和农村居民的环境保护职责，建立由政府统一领导、各部门分工负责、公众自主参与的环境管理机制和运行机制，需要建立农业污染防控中的部门协作机制，特别是农业部门和环保部门的工作协调；其次是理顺中央政府和地方政府在农村环境污染防控中的职能，中央政府有关部门要完善制度，提供良好的制度环境、政策指导和应用手段，地方政府则负责具体实施，同时注意保持财权和事权的一致；最后是引导县乡基层政府职能的转变，退出对乡镇企业的过度介入，同时改变单纯以经济发展指标为主的政绩考核体系，建立环境质量、污染治理等指标在内的，体现可持续发展目标的考核体系。

5.2.3 资金投入和管理机制

农业污染防控应实行以政府投入为主的多元化投入机制。农业污染防控是典型的公共物品，理论上要以政府财政投入为主。政府应明确其责任，建立投融资和财政补贴机制，明确农村非点源污染控制设施的供给主体，采用财政融资、政策融资和市场融资相结合的融资手段，将这一部分财政补贴纳入政府公共财政预算，加强环保统一监管和参与引导投资能力，实行债券融资，吸引国内外金融组织优惠贷款，吸引民营企业加入，采取多种形式合作等；划分环境事权，重新界定中央政府和各级地方政府的财政职能；分清农村污染治理等公共品的属性，外溢性强的公共品由中央或省级政府投入，不产生外溢效应的由基层政府提供，或由农村社区内居民民主决定等。政府应将以农业面源污染防治为主要内容的乡村清洁工程经费纳入财政预算，保证项目的顺利进行。

5.2.4　生态补偿机制

构建农村环境污染防治补偿机制，用计划、立法和市场等手段来促使生态受益地区对经济受损地区或者开发区对保护区、下游地区对中上游地区生态保护区进行利益补偿，明确补偿标准、补偿资金渠道、被补偿对象、补偿方式等问题，以调动社会各阶层和团体的积极性，充分发挥社会总体的力量。同时，进一步完善我国目前已经实施的退耕还林还草等生态补偿政策，使之成为长效机制。

5.2.5　有机肥促进机制

为解决信息不对称、市场不完善以及有机肥施用烦琐、耗力大、储存难等方面的缺陷，需要政府出面干预，结合实际情况采取政策措施和营造有效的补偿机制，通过财政补贴、税费优惠等经济刺激手段鼓励厂商生产有机肥，并刺激农户选择使用有机肥。同时提供有机肥生产技术、工艺的资金投入，并建立完善的有机肥市场，搭建生产者和农户之间的信息平台，改变有机肥的发展和应用严重滞后的现象，促进有机肥的生产和应用。

5.2.6　产权激励机制

针对容易产生"公地悲剧"的公共资源需要构建产权激励机制，同样对于水土流失和污染严重的小流域，也可以实行"谁治理谁受益"的产权激励措施，吸引社会资源积极参与流域环境的保护和污染的防控。

5.2.7　农业科技激励机制

从研究到示范推广，国家应在整个科技链条的每个环节建立激励机制，大力促进农业污染防治技术的自主创新，尤其是针对复杂立体污染链结综合阻控的集成创新。

5.2.8　城市和工业反哺农业机制

在完成了工业化资本原始积累后，我国已经进入工业反哺农业的阶段。建设实现城市和工业反哺"三农"的长效机制和制度，必将极大改善农村环境质量和促进农业污染的综合防控。

5.2.9　循环经济机制

循环经济运作机制可概括为三个方面：在输入端合理控制并减少物质流和能量流的进入，在生产过程中最大限度重复利用进入系统的物质和能量，在输出端把完成使用功能后的物品再生成资源。其显著特征就是在减少一次性、紧缺性资源消耗的同时，将废弃物资源化，既降低了污染，又增加了人类资源可利用量；既带来了生态效益，又扩大了社会效益和经济效益。

5.2.10　国际合作机制

在全球一体化的今天，农业污染问题是一个全球性的环保难题。从根本上看，涉及全世界人民的健康生活，不是哪一个国家单打独斗就能解决的。在农业污染的防治方面，发达国家取得了比较成功的防治经验，值得我国学习和借鉴。我国是农产品出口大国，国际环保组织和人士都十分关心中国的农业面源污染问题，并有意进行这方面的合作。因此，我国的农业面源污染防治工作必须面向国际，与农业面源污染防治经验丰富的国家、国际组织和人士合作，争取他们在技术、资金和人才等方面的有力支持，并建立起卓有成效的长期合作机制。

5.3　防控农业污染的区域运行模式研究

农业污染防控的总体战略目标应当是针对各种污染源的农业污染特点，采取不同的污染防控措施，制定有效的政策法规，对各种农业污染进行有效防控；在全国范围内普及无公害农业，积极发展绿色农业，在有条件的地区发展有机农业，逐步将中国的农产品质量安全标准向发达国家靠近。

5.3.1　工业布局调整与发展政策

通过调整高污染工业的布局可以有效地减少工业三废对农业的污染。我国工业调整重点是调整钢铁、石化工业布局。逐步减少特大城市市区、严重缺水地区、产能过度集中地区钢铁生产规模，有条件的要实施搬迁，依托具有比较优势的现有大型钢铁企业逐步向发展条件好、利用进口铁矿石便利的地区发展。在炼油能力相对过剩的东北等地区要严格控制规模，在东南沿海和西南地区加快现有炼厂改扩建。同时积极发展精细化工，淘汰高污染化工企业。钢铁、石化工业布局向沿海地区的调整，以及对局部地区过剩炼油能力的规模控制和对高污染化工企业的淘汰，均有利于减少两类产业对周边地区的农业污染。

高污染产业布局调整政策对农业污染防治至关重要。出于交通方便、排污便利、靠近城市居民区劳动力资源丰富等原因，当前我国的高污染产业大都是沿江或沿主要交通线布局，往往位于主要农业区，很容易造成农业污染。正确的高污染产业布局调整政策应当是高污染产业远离主要农业区、远离主要水源地、远离城市和居民区，采取园区化和集聚式发展，集中处理工业三废，实现污染物零排放。

我国"十一五"期间的产业发展政策有利于减少工业"三废"造成的农业污染。首先是发展循环经济，搞好资源回收综合利用，大幅度降低能耗、物耗以及污染物排放。发展循环经济可以大量减少工业污染物的排放，有利于减少工业造成的农业污染。其次是我国农业生产资料工业的发展政策，在能源产地和粮棉主产区建设百万吨级尿素基地，建设云南、贵州、湖北磷复肥基地和青海、新疆钾肥基地；控制农药总量，提高农药质量，发展高效、低毒、低残留农药；发展和推广可降解农膜。其中尿素在粮棉主产区的集中生产有利于减少小化肥分散生产对周边农业生产造成的污染；磷肥和钾肥生产的发展有利于优化我国的化肥结构，推行科学施肥，减少化肥污染；发展高效、低毒、低残留农药和推广可降解农膜则可以从源头上减少农药和农膜污染。

5.3.2　不同土地利用方式农业污染防治对策

（1）都市农业区。加强对工业"三废"污染的防治，以防止地表水、地下水和土壤对都市农业生产的污染为主；对都市农业高级温室废水和废弃物进行无害化处理，包括建立湿地净化区和建造沼气池，以消纳农业自身产生的污染。

（2）城郊农业区。加强对污灌用水水质的检测和无害化处理，有必要对灌溉用污水进行灌前净化处理和设立湿地净化区。大棚蔬菜和大型畜圈禽舍均应建设配套的沼气池。大型畜圈禽舍的粪便应通过无害化处理后作为有机肥施入农田中，废水排放前应经过湿生植物缓冲区的净化处理。

（3）水田区。以防止农药和化肥对农产品和地下水和地表水的污染为主，种植绿肥作物，发展沼气，增施有机肥，推广测土施肥和高效低毒农药，提高化肥农药使用效率是水田区农业污染防治的关键；由于水田地区水产养殖场较多，通过发展基塘、生态养殖和建立水生植物净化区，也是减少水体污染的关键措施。

（4）水浇地区。以防止农药和化肥对农产品和地下水的污染为主，发展沼气，增施有机肥，推广测土施肥和高效低毒农药，提高化肥农药使用效率是水浇地区农业污染防治的关键；焚烧农作物秸秆现象主要发生在一年两熟的水浇地区，推行秸秆还田，开辟农作物秸秆的综合利用途径是本区较为艰巨的任务；水浇地区地膜使用量较大，地膜污染现象严重，推广可降解地膜是防治地膜污染的关键措施。

（5）旱地区。虽然旱地的农药和化肥污染较水田和水浇地轻，增施有机肥，推广测土施肥和高效低毒农药，提高化肥农药使用效率也是旱地区农业污染防治的关键；地膜污染现象在旱地区较为严重，推广廉价的可降解地膜也是防治地膜污染的关键措施。

（6）园地。农户调查数据表明，果园的农药污染远高于农田的农药污染；园地区由于生产规模较大，农家肥和有机肥施用量较少，在坡地、园地上不适当地施用大量化肥，遇到暴雨易造成肥力流失，从而污染地表水。园地区应以防止农药和化肥对农产品和地表水的污染为主，推广测土施肥和高效低毒农药，提高化肥农药使用效率。

第6章

农业面源污染与农户
经营行为的实证分析

6.1　我国农业面源污染的分区

我国地域辽阔，各地区的自然环境和社会、经济发展都各有特点，农业生产的地域差异较大，不同的自然条件和土地利用状况等造成我国各地区农业污染程度和重点各不相同。本书借助已有研究成果，以各地区自然条件、土地利用状况、经济发展状况、农业生产水平、农业种植结构、发展历史、农业生产传统和习惯以及农民的科技水平和文化素质等为基础，以不分割省级行政区为原则，并考虑到与现行自然和经济区划的一致性，将我国划分为东北、华北、华中、华南、西南、中北、新疆和青藏8个农业污染大区（见表6-1，不包括台湾、香港和澳门地区）。

表6-1　　　　　　　　　　中国污染区的划分

大区	所处地理位置	包含省（区、市）
东北区	东北部	辽宁、吉林和黑龙江
华北区	北方黄河中下游地区	北京、天津、河北、山东、河南、山西和陕西
华中区	南方长江中下游地区	上海、江苏、浙江、安徽、江西、湖北和湖南
华南区	南海之滨	广东、广西、海南、福建

续表

大区	所处地理位置	包含省份
西南区	近西南部	重庆、四川、贵州和云南
中北区	中北部	内蒙古、甘肃和宁夏
新疆区	远西北部	新疆
西藏区	青藏高原	青海和西藏

6.2 我国农业面源污染等级的划分

农业污染形成的机理复杂，直接量化较为困难，一般采用间接量化，依据的数据有农药施用量、化肥施用量、畜禽粪便数量、水产养殖面积、农膜使用量、水田面积和农作物秸秆数量，本书涉及的农业污染主要指农业自身污染，包括种植业和畜禽养殖业温室气体排放、农药化肥的施用量和农膜的使用量、各种农作物秸秆和人畜粪便产生量。为了综合评价各区的农业污染情况，考虑到各地区间的可比性、数据的易量化性以及指标对农业污染的贡献率，本书选取单位耕地面积的农药施用量、化肥施用量以及耕地的地膜覆盖率三个指标，对各区的农业面源污染情况进行等权重评价。以1998~2015年各地区耕地面积、化肥施用量、农药施用量和地膜覆盖率为基础，计算出各地区农药、化肥的平均施用量，并按照数值大小分类排序，然后将三个序平均得出各地区的总序值，最后得出总序权重。根据最后的总序权重可以看出，华中区的污染最为严重，其次是华南区和华北区（见表6-2）。

据调查统计显示，按单位土地面积上的农业污染强度计算，华中区的水田甲烷排放、大牲畜甲烷排放、农药施用量、化肥施用量、棚膜使用量、地膜使用量、淡水养殖面积、秸秆产生量和粪便产生量等9项指标均超过全国平均水平20%以上，也居八大区首位，因此确定华中区为本研究的研究对象。

表 6-2　　　　　　　　　　　　我国污染区污染等级等权重评价

污染大区	省（区市）	农药施用量（千克/公顷）	化肥施用量（千克/公顷）	地膜覆盖率（%）	农药排序	化肥排序	地膜排序	总序值	总序权重
东北区	辽宁	11.90	308.60	5.87	15	8	8	10.33	7.44
	黑龙江	4.72	147.78	2.85	7	2	3	4.00	
	吉林	6.29	467.49	2.54	10	12	2	8.00	
华北区	陕西	3.64	543.08	13.71	5	17	23	15.00	18.29
	天津	7.79	575.20	17.41	12	19	27	19.33	
	山西	5.66	245.91	11.50	9	6	18	11.00	
	北京	17.61	584.92	9.41	20	20	13	17.67	
	河北	12.73	480.83	14.69	16	13	25	18.00	
	河南	14.85	726.99	11.65	18	28	19	21.67	
	山东	23.49	664.04	29.60	23	23	30	25.33	
华南区	广西	16.35	601.55	8.27	19	21	10	16.67	20.50
	海南	48.95	710.12	3.80	31	27	5	21.00	
	广东	36.04	795.56	3.95	28	29	6	21.00	
	福建	44.04	954.98	8.18	30	31	9	23.33	
华中区	湖北	35.09	869.69	16.47	26	30	26	27.33	21.19
	浙江	36.93	527.61	8.76	29	15	11	18.33	
	江西	30.88	516.67	4.61	25	14	7	15.33	
	安徽	21.64	671.26	12.99	22	24	22	22.67	
	江苏	18.94	699.58	10.26	21	26	15	20.67	
	上海	35.15	619.42	11.41	27	22	17	22.00	
	湖南	27.33	549.88	13.79	24	18	24	22.00	
青藏区	西藏	3.46	160.16	0.65	4	3	1	2.67	2.67
	青海	3.22	135.12	3.39	3	1	4	2.67	
西南区	贵州	5.05	381.16	9.59	8	10	14	10.67	14.75
	云南	6.36	273.37	12.54	11	7	20	12.67	
	重庆	10.73	445.85	12.93	14	11	21	15.33	
	四川	13.80	540.01	18.45	17	16	28	20.33	
新疆区	新疆	4.08	322.90	47.54	6	9	31	15.33	15.33
中北区	宁夏	1.74	671.57	10.29	1	25	16	14.00	11.89
	内蒙古	2.30	174.70	9.30	2	4	12	6.00	
	甘肃	8.85	210.53	23.35	13	5	29	15.67	

资料来源：中国农村统计年鉴（1999~2016）。

6.3　华中农业污染区的基本情况

6.3.1　华中区自然地理环境

华中区地处我国中南部，面积 91.86 万平方公里，平均森林覆盖率为 42.1%。地貌多为洪冲积平原和丘陵山地，平均垦殖率为 46.16%，在各大区中处于第三位。中区的耕地多分布于平原和盆地，农业机械化程度高，农业现代化水平也较高。该区人口数为 3.93 亿，平均人口密度为 428 人/平方公里，人口较为密集，农村人口人均耕地 63.92 公顷，在各大区处于倒数第二位。华中区热量条件充足，农耕区域平均活动积温为 5 086℃/日，平均复种指数为 1.66，降水充沛。耕地多分布在长江中下游平原、淮河中下游平原、云梦平原和鄱阳湖平原，农作物熟制为一年两熟或两年五熟。农耕区的土壤多为耕作土壤水稻土和潮土，亚热带土壤如红壤和黄棕壤，水稻土和潮土较为肥沃。华中区的水资源总量为 7 903.50 亿立方米，人均水资源量为 2 012.35 立方米，属于水资源丰富的大区。①

6.3.2　华中区农业生产情况

华中区是我国最主要的稻谷、茶叶和淡水养殖产品生产基地。该区农业机械化程度高，农业现代化水平也较高。其土地利用以林地（占总面积的 44.47%）和农用地（占总面积的 81.62%）为主。农用地中耕地

---

① 数据基于《中国统计年鉴》计算所得。其中垦殖率＝耕地面积/土地总面积，复种指数＝农作物播种面积/耕地面积。

占46.16%，以果园、茶园和桑园为主的各种园地占2.96%。农作物以稻谷、蔬菜瓜类、油料、小麦、豆类、玉米、果园、薯类、棉花和茶园为主，其播种面积占比为45.26%，其中稻谷、茶叶、淡水养殖水产品、油料和猪肉的人均产量高于全国平均值。[①]

6.3.3　华中区农业污染情况

由于长江三角洲城市群和长江中下游经济带处于华中区内，因此该区的工业发展较为发达，平均城镇化率为61.40%，远超全国平均水平（56.10%）。由于华中区单位耕地面积上分布的城市数量较多，其中纺织、造纸和化学工业等主导产业都属于重污染工业，城市生活和工业源导致的农业污染问题比较突出。同时该区单位耕地面积上的水田甲烷、农药施肥量、淡水养殖面积、农作物秸秆和化肥施用量均高于全国平均水平。华中区内部7省市之间的污染情况差异较大，其中湖南、湖北都属于重污染区。本书对湖南、湖北地区进行了实地调研，通过对被调查农户情况的实证分析，为该区域农业面源污染的综合防控模式研究提供支持。

6.4　农业面源污染与农户经营行为的实证分析

农户是农业生产的最基本要素，是农业生产经营的主体。农户不合理的经营行为将导致环境的外部不经济性，破坏环境的再生能力，从而最终损害自身的利益。农户的经营行为是农业面源污染的主要营造者，同时农户也是影响农业面源污染防控措施实施效果的关键因素。随着农业现代化和农产品市场的发展，农户的生产目标已经转变为利润最大化

---

① 土地利用数据来自《中国国土资源统计年鉴》。

目标，其生产方式也转变为现代集约生产类型。农户既是农业生产资源的使用主体，也是农村环境资源的消费主体。在农业面源污染的防治中，任何政策、制度和技术的实施都要通过农户追求个人利益最大化的经济驱动力而作用于农业生态环境。农户的经营行为影响着农业面源污染防治政策和措施的实施效果。因此，在研究华中区农业面源污染综合防治模式时必须着眼这一基本点，把农户的切身利益与农业的可持续发展结合起来，寻求有针对性的防治措施。要提出协调农业经济发展与农业面源污染之间矛盾的有效措施，需从农户生产经营行为的影响因素入手。

6.4.1　影响农户经营行为的因素分析

农户既是生产者，又是消费者，还是生产要素的所有者，其经营行为受自然、社会、经济和技术等因素的影响。本书在现有的研究成果中总结归纳出农户的经营规模、经营目的、劳动力教育程度、家庭收入主要来源以及农户对环境污染的认知程度都是影响其经营行为的重要因素，因此从这些因素中提炼出以下七个指标进行分析：

（1）主要劳动力的受教育程度。据调查显示，我国农村人口的受教育水平集中在小学和初中，其中具有初中文化程度的比率在50%左右，比率最高。农民的文化程度低是影响他们接受新知识、新技术和各种信息能力的重要因素。因此，主要劳动力文化程度越高，越有可能清晰地认识到化肥农药等农产品投入的使用量是否过量，是否对环境造成了污染，也就促使其采取合理的农业经营行为。

（2）农户兼业及农外转移的比率。目前中国农户兼业或者农外转移的现象非常普遍，在增加农户收入的同时也造成了农业生产人力、物力和财力的分散投入，削弱了农业田间管理，增加了形成农业面源污染的可能性。

（3）耕地面积总数。目前我国农户的土地经营规模小且分散，因此传统的耕土翻作及漫灌的方式比较普遍，导致节水灌溉技术和测土配方施肥等农业面源污染的有效措施不能有效地实施。同时由于土地经营规模较小，农业劳动生产率就难以迅速提高，农户在有限的范围内为了增加收入、提高产量则加大农药化肥等使用量，或者将用于生态保护功能的滩涂地、林地等开垦为农地，造成水土流失、土壤侵蚀、土壤养分流失等。因此，耕地规模的超细化可能导致农业面源污染的形成及加重。

（4）农业收入占家庭总收入的比重。农药化肥等农业投入品的施用一般受到收入的约束，农业收入占家庭总收入的比重越大，农户对农业生产的期待就越高，农业生产资料的支出就越大，因此，有可能农业收入在家庭收入中的比重越大，农户愿意采取合理农业经营行为的意愿就越低。

（5）是否施用有机肥。有机肥的施用不仅能降低化肥的施用量，还能提高土壤养分、改善农业内部循环。目前在畜牧业较发达的地区，农户已经逐渐加大有机肥的利用率，不仅减少了化肥的施用量，更减少了畜禽养殖业的废弃物排放，因此认为是否施用有机肥是影响农户采取合理农业经营行为的一个指标。

（6）农户是否参加农业培训。在调查中发现，农户在施用化肥农药时很多依靠传统经验，而合理的施用方法则涉及施用量、施用时间、施用方式等方方面面，接受过农业技术培训的农户可能会有意识地去控制和改善农业化学品的投入。随着基层农业技术推广机构的完善和改革，测土配方等有效控制农业面源污染的技术也将会促进农户经营行为的合理化。

（7）农户对环境污染的认知程度。如果农户能够认识到化肥农药等农业投入品的施用过量且可能会对农业环境造成污染，影响到农产品的产量和质量，那么理性的农户则会愿意采取合理的施用行为；但是如果农户认为改善农业环境并不能与农业产量相联系，并且环境的改良成果不能给个人带来直接收益，或者农业化学品的投入对环境和粮食安全没有危害的时候，农户就不会主动采取合理的经营行为。

6.4.2　样本特征

本书采用数据来自湖南省永顺县和湖北省鹤峰县的17个乡镇31个行政村的农户调查。湖南省永顺县位于湖南省西部，是我国东部丘陵山地常绿阔叶林向西部高山高原暗针叶林转变的过渡带，全县辖30个乡镇，327个行政村，耕地面积34.1千公顷，主要农产品有稻谷、玉米、油菜籽、烤烟、蔬菜等；林产品主要有木材、楠竹、油茶、油桐、板栗、花椒、香菇等；果、药、茶主要有椪柑、猕猴桃、橙柚、白果、黄柏、杜仲、茶叶等。本研究在永顺县取样55份，样本农户平均年龄49岁，文化程度大部分为初中和小学，75%以上的被调查者家中都有人接受过农业技术培训。被调查农户90%左右以农业收入为主，主要集中在果园、蔬菜的种植。农业化学品投入以化肥和农药为主，农膜使用较少。

湖北省鹤峰县取样69份，该县位于湖北省西南部，辖六乡两镇和一个开发区。鹤峰县境内地形西北高、东南低，山岳连绵，沟壑纵横，多山间小盆地，耕地面积20.52千公顷，农产品以蔬菜、茶叶、烟叶为主。由于地理环境和区位劣势，农村人均收入不高。被调查农户平均年龄45.5岁，样本的分布区间为25~73岁之间，初中级以上学历的占60%，70%以上的被调查家庭中都有人参加过农业技术培训。被调查农户家庭收入以果园、茶园种植，畜禽养殖和打工为主。

在124份样本中，被调查人95%以上都是务农人员，被调查人为户主的占76.61%，为户主配偶的占16.94%，说明调查问卷情况反映比较真实；被调查地区农村人口文化程度偏低，受过高等教育的人口不多；

受访农户人均耕地面积为 2.65 亩，说明农户的种植规模很小；样本地区大部分农户家庭收入以外出务工、农产品种植业为主，畜牧养殖和退耕还林补贴也是家庭收入的主要来源。

6.4.3　模型估计

本节要研究的"农户采取合理经营行为的意愿"是一个二元离散选择变量（采取和不采取）。对于因变量是分类变量的回归分析多采用 Logit 模型，通过将分类的因变量转换成分类变量的概率比进行分析。

在该模型中，农户采取合理经营行为的意愿为因变量，其取值记为：愿意 $Y=1$；不愿意 $Y=0$。自变量 X_i 是影响农户采取合理经营行为意愿的因素。设事件发生的概率为 P，Y 的分布函数为：

$$F(Y) = P^Y(1-P)^{1-Y} \quad (Y=0,1) \tag{6.1}$$

得出 Logit 模型的基本形式为：

$$P_n = \frac{1}{1 + \ell^{-\left(\alpha + \sum\limits_{i=1}^{n} \beta_i x_i + \varepsilon_i\right)}} \tag{6.2}$$

式（6.2）中，P_n 是第 n 个农户愿意采取合理经营行为的概率，α 是截距参数，$\beta_i(i=1,2,\cdots,n)$ 是回归系数，$X_i(i=1,2,\cdots,n)$ 是影响因素，ε_i 是误差项。式中自变量说明如表 6-3 所示。

表 6-3　　　　　　　　　　　　模型自变量说明

变量	变量定义	预期作用方向
X_1	农业收入占家庭总收入的比重（%）	－
X_2	主要劳动力的受教育年限（年）	＋
X_3	主要劳动力是否参加农业技术培训（1=是；0=否）	＋
X_4	是否施用有机肥（1=是；0=否）	＋
X_5	是否知道过度使用化肥、农药、地膜会引起环境污染（1=是；0=否）	＋

　对采集的数据通过 EViews 软件进行分析，结果如表 6-4 所示。根

据模型估计结果，农户采取合理农业经营行为的意愿模型为：

$$P_n = \frac{1}{1 + \ell^{-(-8.99 - 1.28X_1 + 0.95X_2 + 0.27X_3 + 0.56X_4 + 0.59X_5)}} \tag{6.3}$$

表 6-4　　　　　　　　　模型估计结果

变量	系数	标准差	z 值	p 值
C	-8.986643	4.222542	-2.128254	0.0333
X_1	-1.281902	8.013224	-2.156673	0.0000
X_2	0.949604	0.373575	2.541938	0.0010
X_3	0.266005	2.673779	0.847491	0.0007
X_4	0.561829	4.426559	1.708286	0.0076
X_5	0.587051	4.196951	2.046021	0.0008

根据估计结果，该模型的似然比检验值为 153.7833，模型可靠，各影响因素也均通过了显著性检验，各因素对农户采取合理农业经营行为意愿影响的估计系数符号与预期的影响方向基本一致。

具体分析结果如下：

1. 农业收入占家庭总收入比重

估计结果表明该变量对农户采取合理经营行为的意愿有着显著影响，且其系数为正，说明农户家庭收入中来源于农业生产的比重越大，其采取合理性农业经营行为的概率就越低，主要是因为农户为了达到快速增产增收的目的，很可能会大量施用化肥农药等农业化学品；或者是在现有的生产条件下，依靠加大农业化学品投入来保证农产品产量和质量。

2. 主要劳动力的受教育年限

主要劳动力的受教育年限与因变量之间存在着显著相关，且其系数为负。说明从事农业生产的劳动力文化程度越高，越愿意采取合理的农业经营行为，提高农民的文化素质有助于农业面源污染的控制和有效措施的实施。

3. 主要劳动力是否参与农业技术培训

参加农业技术培训对于农户采取合理的农业经营行为存在着显著的负相关，说明目前基层农业技术推广机构在农业面源污染的防控中发挥了一定的作用，农户在培训中能得到有关环境污染及其防控方面的信息和知识，也说明基层农技推广服务存在的必要性和重要性，还需要进一步的完善和开发。

4. 是否施用有机肥

施用有机肥与农户合理农业经营行为的关系是显著负相关，说明施用有机肥的农户愿意降低农业化学品特别是化肥的投入，化肥的施用量将随着有机肥用量的增加而减少。

5. 是否知道过度使用化肥、农药、地膜会引起环境污染

农户对环境的关注程度与农户行为之间存在着显著性负相关，说明农业生产者环境认知程度越高，会采取合理性农业经营行为的概率就越大，因此加大环境保护的宣传有助于农户环境保护意识的增加，从而保证农业面源污染防治措施的顺利实施。

政策、技术水平和社会人口压力等因素通过农户追求私人利润最大化的经济驱动力作用于农业生态环境，农户经营行为通过不同的方式影响着农业面源污染负荷的产出，农业生态环境需要农户去维护和保障，但同时农业生态环境具有明显的公共物品属性，其改善受益全社会，因此，农业面源污染防控具有明显的正外部性。然而目前我国农户采取合理性农业经营行为的主动性并不强，意愿较低，在农业面源污染的防治中仅依靠农户去纠正外部性是行不通的，需要通过制定有针对性的政策和措施，在符合农民生产经营环境和特点的基础上，激励和引导农户采取合理的农业经营行为，在农业面源污染有效防治的同时保障农户收入。

第**7**章

农业面源污染的综合防控模式

华中区的农业面源污染以稻谷、蔬菜瓜类用地和园地的化肥、农药污染为主。该区的农作物种类繁多，其中种植面积大于 100 公顷的主要有稻谷、蔬菜瓜类、油料、小麦、豆类、玉米、果园、薯类、棉花和茶园。根据 2007 年的抽样调查数据显示，华中区 7 省份在晚籼稻生产中化肥的施用量一般低于全国平均水平，但是农药的施用量则远高于全国平均水平。由于水田的农药污染极易造成水体污染，而华中区的水体面积大、分布广，稻谷的播种面积居于全国各类农作物之首，因此，稻谷生产中的农业面源污染防治是该区综合防控的重中之重。其次是蔬菜瓜类，华中区的蔬菜瓜类生产地膜施用量高于全国平均水平，而且种植面积仅次于稻谷，也非常容易造成水体污染，因此也是防控的重点。此外，华中区是我国著名的柑橘产区，拥有大面积的果园，柑橘是高投入农作物，其施肥量比玉米高 1.6 倍，达到 51.11 千克/亩；农药和农家肥的费用也比玉米等高出数十倍，所以华中区的水果生产造成的农业污染也非常严重。还有棉花和茶叶，由于它们的化肥、农药等施用量都远远高于玉米，也成为华中区的重污染作物。油料、小麦、豆类和玉米造成的农业污染虽然较轻，但是由于其播种面积总和与华中区的稻谷相当，也不能忽视其对农业面源污染的"贡献"。

7.1 对稻谷及大田作物生产污染的防控模式

第一是大力推广测土配方，减少化肥施用量。要掌握以土定产、以产定肥、因缺补缺、有机和无机相结合、氮磷钾平衡使用的原则。例如，水稻的需肥量为每100公斤需氮素2.0~2.4公斤，五氧化二磷0.9~1.4公斤，氧化钾2.5~2.9公斤。综合考虑土壤供应能力、肥料利用效率以及生产水平等因素，在土壤养分中等的情况下，施用肥料中氮、磷、钾配比应为1：0.5：0.9左右。基肥以有机肥为主，化肥为辅，如选用农家肥一定要选用腐熟的农家肥。在水稻生长发育过程中控制氮肥施用量，磷肥以基肥为宜，钾肥以追施较好。

第二是采用适当的农艺措施来防治病虫害，减少农药的投入。推广优质作物品种，并推行生物防治和采用适当的农艺措施来防治病虫害，如人工田间除草、生物除草、赤峰眼等天敌生物在生产中的应用。此外，在选择低毒高效农药的同时，改进施药技术，做到适时用药，并根据农药的特征选择正确的施药方法，如采用涂茎、滴心等，选择超低量、低容量施药器械，采用小孔径喷雾技术，减少对农药的浪费，在降低农作物的生产成本的同时减少对环境的污染。

第三是建立人工湿地缓冲区，利用"土壤—微生物—植物"这一复合生态系统的物理、化学和生物三重协调作用，通过过滤、吸附、沉淀、离子交换、植物吸收和微生物分解来实现对农田尾水的高效净化。

第四是研究和推广新型的水稻生产模式和稻田保护性耕作制度，比如提前排干晒田，以缩短水田的蓄水时间，防止稻田温室气体的大量排放。

7.2　对园艺作物的农药、化肥污染的防控模式

第一，可以通过推广高效低毒农药、微生物防治技术、物理防治技术以及测土配方施肥和增施农家肥的方法进行防控。

第二，提高农艺技术对减少化肥农药的投入。对果树进行合理修枝，保持合适的枝果比、叶果比，增进树膛内的通透性，改善光能利用条件。冬季修剪时，剪去果树的枝、梢、蔓、干、芽、鳞片等有病虫的部分，可降低病虫的发生基数。对于田园，要及时清理，将蔬菜收获后的残枝落叶和田间杂草，果树休眠期园内的枯枝落叶、落果等彻底清理，这样也能减轻病虫害的传播蔓延。

第三，华中区的经济发达，大城市密度高，有机农产品有相当大的市场潜力，大力发展有机农产品生产将对农药化肥的投入起到控制作用。首先要建立有机蔬菜、水果和茶叶的检测和认证体系，同时政府应出台经济激励措施，发放有机农业补贴，实行优质高价，不仅能提高人们的消费水平和健康水平，同时也会提高农业的现代化水平和增加农民收入。

7.3　对水产养殖业的污染防控模式

华中区淡水养殖的尾水排放将未被鱼类摄食的鱼饵、鱼类排泄物和残留鱼药直接排入水体，直接造成水体的污染，同时危及饮用水的安全。首先应对养殖区域全面规划，进行环境评估，确定养殖容量；其次应制定养殖用水排放标准，建立完善的水体质量检测体系，征收排污费税或者进行排污权交易，以此增加防止水体污染的强度；最后要科学投

放饲料，选择适合鱼种、水域环境的复合饲料，并根据养殖对象，在生产过程中，按照水温、溶氧、季节变化、体重等随时调整投喂率和投喂量，还要注意选择投喂低残留的饲料，如选择浮性颗粒饲料或者对饲料进行过筛。

7.4 对畜禽养殖业污染的防控模式

华中区的生猪饲养量居全国各大区之首，大牲畜的饲养量也很高。因此，对于该区畜禽养殖污染的防控可以从以下几个方面进行。（1）由于华中区生猪饲养规模较大，沼气池可全年生产，可以改造传统猪舍，通过对人畜粪便进行无害化处理，减少畜牧业以及人畜粪便的污染，同时增加农家肥和有机肥的生产量和施用量；（2）对于大牲畜的家庭养殖要规范农户小型畜牧场的生产行为，大力推广沼气技术，要求能自行消纳畜禽粪便，减少对地下水的污染。对于小型养殖农户，可以发展联户沼气建设，通过集资建设、集体利用、集体管理形成对畜禽粪便的集中处理，这样可以降低建设成本，调动农户积极性；（3）合理规划该区畜禽养殖的规模和布局，国家制定统一的污染标准，推广现代化的标准化牧场，强制执行低排污标准；（4）针对该区养殖特点，大力推广猪粪的资源化利用技术，将猪粪与有益菌、秸秆等物质结合，通过发酵，形成复合有机肥和饲料等，既可以减少粪便对环境的污染，也可以增加化肥和饲料替代品的使用。

7.5 对农业废弃物污染的防控模式

　华中区的农作物秸秆产生量非常大，对其防控首先要严格禁止在大田焚烧秸秆；其次，鼓励使用秸秆还田机械和推广秸秆还田技术，增加秸秆还田的比重，适用于该区域的秸秆还田技术有小麦—水稻的秸秆还田及免耕直播技术、双季稻秸秆还田及免耕直播技术、秸秆覆盖果园和茶园技术等；同时，政府要鼓励研制和推广有机肥和饲料生产技术和生产机械，提高农家肥和饲料的生产效率以及各地利用秸秆生产有机肥和饲料的标准。

对于华中区农村生活垃圾污染的防控，首先对垃圾进行分类，对食物垃圾可利用该区热量充足的条件，采取就地生态处理，即将全村居民原有家庭垃圾袋装化改为桶装化，每个家庭把食余垃圾倒入一个带密封盖的小桶内，早晚两次，再将该类垃圾倒入村内配置的食余垃圾收集桶，然后由村保洁员集中到村内统一建设的生态堆肥装置内。生态堆肥装置利用太阳能作为热源，对食物类有机垃圾进行高温厌氧消化，3个月后这些食余垃圾即可作为优质有机肥料利用；对于非食物垃圾，就地分拣后根据垃圾特点选择集中卖给回收公司、填埋处理、统一焚烧处理等方法。

第 **8** 章

农业面源污染防控的
意义及国外经验

尽管本书通过实证分析对华中区农业面源污染的防控进行了研究，但是农业面源污染的形成机理复杂多样，其防控问题是一个多学科综合性问题，本书涉及的层面还比较窄，很多研究还有待进一步开展。

农业面源污染的防控不仅仅是农业生产本身的问题，还涉及其他产业以及气候、能源利用等方方面面，气候变化对农业生产的负面影响不断加剧，资源环境对农业生产的约束也在日益加重，这些都对农业面源污染的产生和防控产生着极大的影响，建立"低耗、高效、持续"的农业发展模式，促进资源、人口、经济、社会和环境的和谐发展是农业面源污染防控的目标，也是资源环境领域的重要课题。因此，农业面源污染的研究有着相当大的研究空间。

8.1 水体—土壤—大气污染综合防控的
现实意义和战略地位

伴随着我国粗放式制造业的扩张和世界工厂地位的奠定，环境给我国带来的压力也达到了高峰。以前的环境污染事件还可以称为个别局部现象，现在已经成为全国性的普遍现象。近年来入冬以后的全国性雾霾天气让人们意识到我国生态环境的极端脆弱，当清新的空气、洁净的水源、蓝色的天空都成为民众奢望的时候，对环境污染的防控成为关系国计民生的重要问题。

8.1.1　我国环境污染现状

根据环保部通报的全国环境质量状况来看，我国城市环境空气污染形势严峻。2017 年，全国 338 个地级及以上城市（以下简称"338 个城市"）中，有 99 个城市环境空气质量达标，占全部城市数的 29.3%，239 个城市环境空气质量超标，占 70.7%。338 个城市平均优良天数比例为 78.0%，平均超标天数比例为 22.0%。338 个城市发生重度污染 2 311 天次、严重污染 802 天次，以 PM2.5 为首要污染物的天数占重度及以上污染天数的 74.2%，以 PM10 为首要污染物的占 20.4%，以 O_3 为首要污染物的占 5.9%。全国地表水 1 940 个水质断面（点位）中，Ⅰ类~Ⅲ类水质断面（点位）1 317 个，占 67.9%；Ⅳ类、Ⅴ类 462 个，占 23.8%；劣 Ⅴ 类 161 个，占 8.3%。112 个重要湖泊（水库）中，Ⅰ类水质的湖泊（水库）6 个，占 5.4%；Ⅱ类 27 个，占 24.1%；Ⅲ类 37 个，占 33.0%；Ⅳ类 22 个，占 19.6%。109 个监测营养状态的湖泊（水库）中，贫营养的 9 个，中营养的 67 个，轻度富营养的 29 个，中度富营养的 4 个。338 个地级及以上城市的 898 个在用集中式生活饮用水水源监测断面（点位）中，有 813 个全年均达标，占 90.5%，其中地表水水源监测断面（点位）569 个，有 533 个全年均达标，占 93.7%，主要超标指标为硫酸盐、铁和总磷；地下水水源监测断面（点位）329 个，有 280 个全年均达标，占 85.1%，主要超标指标为锰、铁和氨氮。[①]

---

① 资料来源于生态环境部《2017 中国生态环境状况公报》。

8.1.2　我国环境污染特点

1. 污染范围广

从环境污染的地域来看，已经从经济发达的东部地区和南部地区向中西部地区和北部地区迅速蔓延至全国。最近几年，中西部地区加大了开发力度，低端产业向中西部转移，在经济快速增长的同时，环境污染问题也凸显出来。

2. 污染程度高

（1）水源污染。我国人均水资源只占世界平均水平的 1/4，水资源本就匮乏。中国水资源总量的 1/3 是地下水，然而原国土资源部门对 31 个省（区、市）223 个地市级行政区的 5 100 个监测点的数据显示，约 67%的城市地下水遭受严重污染，25%的地下水受到轻度污染，基本清洁的地下水只有 9%。其中，水质为优良级、良好级、较好级、较差级和极差级的监测点分别占 8.8%、23.1%、1.5%、51.8%和 14.8%。在水资源总量 2/3 的地表水中，污染问题同样严重。据 2017 年国家地表水监测断面中，Ⅳ类、Ⅴ类占 23.8%；劣Ⅴ类占 8.3%；根据全国水资源综合规划评价成果，109 个监测营养状态的湖泊（水库）中，贫营养的 9 个，中营养的 67 个，轻度富营养的 29 个，中度富营养的 4 个；根据 2000 年评价的 633 个水库中，62%为中营养水库，38%为富营养水库，贫营养水库还不及 1%。

（2）土壤污染。目前全国耕种土地面积的 10%以上已受重金属污染，共约 1.5 亿亩；此外，因污水灌溉而污染的耕地有 3 250 万亩；因固体废弃物堆存而占地和毁田的约有 200 万亩，其中多数集中在经济较发达地区。由此，我国每年因重金属污染的粮食高达 1 200 万吨，造成的直接经济损失超过 200 亿元。①

（3）空气污染。目前全球性大气污染问题主要表现在温室效应、酸雨和臭氧层遭到破坏三个方面。中国大气污染状况十分严重，主要呈现为城市大气环境中总悬浮颗粒物浓度普遍超标；二氧化硫污染保持在较高水平；机动车尾气污染物排放总量迅速增加；氮氧化物污染呈加重趋势；全国形成华中、西南、华东、华南多个酸雨区，以华中酸雨区为重。据亚洲开发银行和清华大学最新发布的《中华人民共和国国家环境评估》报告，中国 500 个大型城市中，只有不到 1% 达到世界卫生组织空气质量标准。

3. 污染程度严重

环境污染对农产品质量、人体健康、国家环境安全、环境健康都有重大影响，其造成的经济损失也是无法估量的。我国对于环境污染的治理有 60 多年的历史，党和国家也一直非常重视对环境污染的治理。2013 年 3 月国务院常务会议对当年的政府重点工作进行了部署和分工，明确提出要在"重点地区有针对性地采取措施，加强对大气、水、土壤等突出污染问题的治理，集中力量打攻坚战，让人民群众看到希望"。污染防治是一项复杂的工程，污染物不仅危及某个"点"和"面"，而且通过时空迁移、转化、交叉、镶嵌等过程，产生新的污染，甚至形成循环污染。因此，水体—土壤—大气污染的综合防控成为该领域的热点。现阶段加强对水体—土壤—大气污染的综合防治对我国经济发展，重建生态平衡有着重要的意义，也对我国的可持续发展具有战略意义。

8.1.3　水体—土壤—大气污染综合防控的现实意义

1. 促进资源整合，形成高效、协调污染防治平台

目前我国的环境污染是工农业快速发展、国家经济实力快速提升初

---

① 　资料来源于生态环境部《2017 中国生态环境状况公报》。

期的伴生产物，治理难度相对较大，从对象上说，它要综合考虑大气、水体、土壤等各种环境要素，而不是着眼于其中某一个环境要素；从目标上说，它要综合考虑资源、经济、生态和人类健康等方面，而不是局限于其中某个单一目标。因此，单项治理显然已经不能满足现实要求，需要综合整治技术，对于各种不同的环境污染问题应采取各种不同的综合防治措施。水体—土壤—大气污染的综合防控有助于进一步整合各部门、各产业现有的涉及农业污染治理的资源、资金、人才、技术，形成一个有利于农产品产地环境建设、食品安全、人体健康、循环经济发展和国家环境外交等方面的协调、高效的综合防治平台，有助于人们从系统与整体的角度更好地认识和解决环境污染问题。

2. 促进新兴高新技术环保产业的产生和发展

水体—土壤—大气污染综合防治运用"科学发展观"，系统揭示了环境污染综合防治的本质与内涵，催生以生物技术、节能减排为主的高新产业。在我国新型工业化进程中，以污染综合防治为契机，结合国务院《"十三五"国家战略性新兴产业发展规划》，加快培养和发展节能环保、新能源等新兴产业，开展重大节能技术、环保技术、资源循环利用技术工程，推进节能减排，提高资源利用率，促进我国经济长期平稳较快发展。

3. 推进能源节约，重建生态平衡

环境是人类赖以生存的空间，人类同自然环境的协调发展是社会发展的保障，而目前形成的环境污染源于人类直接或间接向环境排放超过其自净能力的物质或能量，其形成过程复杂，涉及生产、生活的各个领域。水体—土壤—大气污染的综合防治可以综合协调工业、交通、建筑、公共机构等领域的节能，控制能源消费总量，降低能耗、物耗和二氧化碳等的排放强度，推进能源节约，促进社会的绿色、循环和低碳发展。同时，在污染综合防治过程中，还能借以发挥生态的自我修复能

力，在物质与能量输出输入的数量上、结构功能上，通过相互适应、相互协调，促进生态环境的逐步修复和改善，恢复和重建生态系统，建立长期发挥效益的运行机制。

8.1.4　水体—土壤—大气污染综合防控的战略地位

1. 综合治理，根治污染

水体—土壤—大气污染的综合防控在技术路线方面，集成各单项治理技术，从整个生态环境角度出发，对目前所形成的复杂污染进行有步骤有顺序地综合治理，控制整个生态环境的污染循环链，截断环境污染中的往复循环和交叉污染，从根本上解决水体—土壤—大气的污染问题；同时，也将生态学、污染经济学、系统工程学、环境科学与农业资源利用等学科理论和方法有效结合，将环境作为一个有机整体，应用系统的理论和技术为环境污染的综合防治提供支撑和保障，按照污染物的产生、变迁和归宿的各个环节，采取法律、行政、经济和工程技术相结合的综合措施，整合我国环境污染防治的资源，筛选出关键防治技术，用最经济的方法获取最佳的防治效果。

2. 调整产业结构，优化经济布局

当前，根据我国环境污染现状，应将环保节能作为转变经济发展的重要手段之一，在实施水体—土壤—大气污染的综合防控的同时，调整我国产业发展方式，促进结构转型，有效地改进经济结构、能源结构，在环境与发展之间寻求新的平衡，摆脱过去经济决定环境的藩篱，以生态承载力为依据，保障和改善民生。

3. 构建和谐社会，确保社会经济生态的可持续发展

环境污染问题是经济系统与环境系统之间物质和能量流动不平衡的表

现，影响着人与自然的和谐，同时也影响了人和人之间的和谐。和谐社会的基础是一个稳定平衡的生态环境，环境的污染破坏了自然生态和经济活动的正常联系，危害了社会、经济、生态的可持续发展。水体—土壤—大气污染的综合防控推进了能源资源的节约和循环利用，能够结合人工处理和自然净化，不断调整经济格局，寻找发展与环境之间新的平衡，解决资源匮乏与经济增长的压力，确保社会、经济和生态的可持续发展。

8.2 用立体污染防控理念助推美丽乡村建设

面对资源约束趋紧、环境污染严重、生态系统退化等严峻形势，党的十八大将生态文明建设放在了突出地位，提出努力建设美丽中国，实现中华民族永续发展的宏伟目标。美丽乡村建设是实现美丽中国的重要基础和保证，也是建设美丽中国的重要环节。2013 年《国务院关于加快发展现代农业进一步增强农村发展活力的若干意见》提出了"加强农村生态建设、环境保护和综合整治，努力建设美丽乡村"的要求，作为生态文明建设的重要举措和建设美丽中国的重要组成部分，美丽乡村建设成为关注的焦点。党的十九大报告进一步提出人与自然是生命共同体，人类必须尊重自然、顺应自然、保护自然。必须坚持节约优先、保护优先、自然恢复为主的方针，形成节约资源和保护环境的空间格局、产业结构、生产方式、生活方式，还自然以宁静、和谐、美丽。强化土壤污染管控和修复，加强农业面源污染防治，开展农村人居环境整治行动。构建政府为主导、企业为主体、社会组织和公众共同参与的环境治理体系。

8.2.1 农村生态环境对美丽乡村建设的影响

美丽乡村建设不仅是对村庄进行外表的美丽建设，其核心在于提高农村经济发展的同时，改善农村生态环境，同时提升农民的生活水平和生活质量，尊重自然生态，尊重乡村生态文化，尊重可持续发展，因此美丽乡村建设与农村生态文明建设本质上是一致的。

农田、畜禽养殖场和水产养殖水方面的污染状况是影响乡村环境的最直接因素。对农田、畜禽养殖场和水产养殖水方面的污染防控，必然推动乡村环境的改善。如人畜粪便污染链的资源化阻控模式、生活垃圾污染链的资源化阻控模式等，不仅改善了农产品的产地环境，也显著提高了乡村环境质量。美丽乡村建设的主要任务包括对以农业污染综合整治为主的农村环境治理、以生态环境改善和资源保育为主的生态工程建设、以强化农业生态系统服务功能为主的农田与村镇景观规划建设，以及以农业生产向资源高效、环境友好产业转型的致富途径。其目标就是将农村生态经济的快速发展与农村生态文化的日益繁荣相结合，不断改善农村生态环境，推动形成农业产业结构、农民生产生活方式与农业资源环境相互协调的发展模式，进一步加快我国农业农村生态文明建设进程。

然而，农村生态环境的现状及污染特点使农村成为生态文明建设的难点。目前，我国常规农业通过外部能量投入获取更高的农产品产量，导致有限时间、空间范围内的农业增长成为生态破坏、能源耗竭、环境污染的重要源头，农业生产和农村生活对生态环境的威胁已经不亚于工业及城市对环境的不利影响。

8.2.2　立体污染防控的内涵

农村地区的立体污染是指由农村经济系统内部引发和外部导入，包括生产过程中不合理的化工产品的施用、畜禽粪便排放、农田废弃物处置、耕种措施以及农村、城市和工业废弃物污染等，造成农村生态系统中水体—土壤—大气—生物的立体交叉污染。它是生态系统和社会、经济系统不断交互作用产生的结果，存在复杂性和多样性。结合生态系统、社会经济系统的多样性，制定多样性治理措施和灵活的法律法规，采取系统的综合防治战略才是解决这一复杂问题的根本。

农村地区的立体污染防治要贯穿于生产和生活全过程，同时也要贯穿内在系统与外界系统发生关联的过程中，动态追踪所投入的元素及其产出的所有元素的环境，包括化工投入品等有形要素和政策制度/理论、技术等无形元素，预防和控制其中不利于环境的行为，将其对水、土、大气和生物的不利影响降低到最小。其防治体系的建立主要通过系统地研究投入和产出要素在农村地区生产、生活及"水体—土壤—大气—生物"立体环境中所发生的各种作用和关联，并对其进行监控和评估，从而选择有效手段和措施使农村地区的生产和生活在获得较高效益和效用的同时具有较好的环境效果。

农村环境污染并不是突然造成的，而是经过了一个相当长时期的积累，发生着动态变化，从点到面，从面上单一环境圈层到水体—土壤—大气—生物四大圈层立体空间，进而形成整个环境范围的交叉污染。因此对农村污染防治也逐渐形成点和面相结合，水体—土壤—大气—生物各圈层立体化结合，农业与其他产业相结合，微观与宏观相结合的立体防治。相较于工业和城市环境污染而言，农村环境污染具有隐秘性强、防治难度大等特点。以立体污染防控理念促进农村环境改善，推动形成农村生产生活方式与资源环境相互协调的发展模式，对加快美丽乡村建设进程有着极其重要的意义。

8.2.3 推进美丽乡村建设的立体污染防控思路

1. 加强区域性农村立体污染监测点建设

农村地区立体污染防治是一个系统的工程，需要通过对农村经济的投入、产出和农村生活模式进行全面监控。同时，我国幅员辽阔，各地区农村污染程度与当地自然生态环境、气候、社会经济发展水平和土地利用方式都有着密切的联系，各区域间存在着较大差异，治理重点各不相同。因此，建立区域性立体污染信息采集系统，按照信息标准化、区域治理的需要，加强和改进调查信息收集、贮存、操作和传播手段，加强水体、地表、生物物象等信息采集。通过区域性立体污染监测点，形成各污染区域立体污染数据库，建立农村立体污染普查制度，确保农村立体污染监测工作能够长期正常开展，定期形成动态报告，便于有关部门及时对环境变化进行评估分析，通过改变要素投入，促进环境向有利方向发展。

2. 建立国家层面的农村立体污染防治体系

一直以来，国家不断探索农村经济发展的有效模式，从单纯的追求经济效益最大化转变为经济发展与环境保护相兼顾。农村立体污染问题成为所有发展模式所面临的共性问题，鉴于其防治体系的复杂性，需要农业、环境、经济、管理等多领域的交叉和合作，既包括科学技术层面的创新也包括管理能力方面的突破。因此，要建立国家层面的农村立体污染防治体系，通过对农村立体污染防治进行设计和规划，发挥各级政府和环保机构的职能，搭建体系组织结构框架，研究体系运行的管理机制、政策法规、人才队伍建设等，并将此融入美丽乡村建设的实施方案中。加强立体污染阻控技术、关键工艺与工程配套技术等方面的关键技术集成创新。加强土壤重金属污染防治、水土精华、废弃物资源化利用、外来入侵物种综合防治等关键性、实用性技术的综合研发与应用。通过美丽乡村试点区域的应用完善和加强集成技术的适用性和可操作性，将集成的关键技术进行区域示范推广，形成技术易推广、工程能操作的工程项目示范，促进美丽乡村建设中农村生态环境的改善和农村生态文明建设。

3. 构建防治农村立体污染的生态循环机制

生态循环机制可以保证农村经济在有限的资源条件下更多地创造和实现价值。如果农村经济内部的所有物质单元（包括无机物和有机体）都能充分地实现生态循环，才能向外提供最大的价值总量。这里的价值总量是"正价值"量减去"负价值"量后的"净价值"量。所谓"正价值"，就是提供的产品所体现的符合购买者需求的效用价值；所谓"负价值"，就是经济行为对资源环境和经济社会造成的负面影响对应的价值损失，这种价值损失有时不是直接体现在当下，而是在未来的一段时间里逐渐显现。衡量农村经济的好坏不能只衡量"正价值"量，也就是说，经济成果中应该减去相应的"负价值"现值。物质单元如果附在产品上走出经济体，就会形成"正价值"，如果附在不再被循环利用的废弃物上走出经济体，就会形成"负价值"。只有物质单元得到充分循环，多次地经过生产过程，才能更多地附在产品上走出，农村经济才会在同样资源投入的前提下形成较大的"正价值"量和较小的"负价值"量。

8.3　生态农业发展

"生态农业"一词是美国土壤学家威廉·阿尔布瑞奇（William Albrecht）于1970年提出的，一经提出便迅速得到了广泛的重视和响应。1969年，北大西洋公约组织各国率先成立了现代社会挑战委员会，处理有关部门环境问题的多边实验项目，生态农业是其中的重要项目之一。美国罗代尔研究中心和大学生态研究所、英国的国际生物农业研究所都先后开展生态农业研究，德国、荷兰、瑞士等国家也先后建立了不同类型和规模的生态农场，生态农业得以迅速发展。生态农业的迅速发展以完善的法律体系为基础。

8.3.1　欧共体

欧洲国家生态农业起步较早，其政策法规较为完善。欧共体为保护环境于 1988 年规定实行 20% 的农地不耕作，对恢复自然植被的农户进行直接补偿。20 世纪 90 年代初，德国和英国构建了"适当的农业活动准则"，对不宜施肥期的施肥量进行严格控制，规定河流附近的畜产农户必须有家畜粪尿的处理设施，对于所发生的损失，由政府财政给予补贴。1992 年，欧共体在德国《施肥令》和英国《控制公害法》的基础上颁布了《关于生态农业及相应农产品生产的规定》，扩大了"污染者负担"原则的适用范围，明确规定了产品如何生产，哪些物质允许使用，哪些物质不允许使用，更于 1999 年补充了有关动物性生产的条款。1993 年，欧共体各国出台了对生态农业资助的政策法规，并投入相当大的资金在全国范围内统一实施，欧共体各国所有的资助项目都规定农民必须按照生态农业标准耕种 5 年才能得到资助，否则必须退还所领款项（王敦清，2011）。

8.3.2　德国

生态农业的发展在德国得到政府的大力支持。为扶持农业，德国政府大幅度提升其对农业的补贴金额，不仅是生产方面，更包括生态农产品的加工和销售；德国有一套完善的农业法律法规，农产品种植必须遵循的 7 项法律法规，包括种子法和物种保护法、肥料使用法、自然资源保护法、土地资源保护法、植物保护法、垃圾处理法和水资源管理条例。2001 年，德国正式实施《生态标识法》，通过标识区分生态产品和传统农产品，对于生态农业的发展来说是意义重大的进步；此外，德国在 2003 年制定了《生态农业法》，规定已注册的生态农业企业的经营活动及其产品的监测、检查或检测，以及对违反"条例"经营者的处罚，以此来确保欧盟的条例指令能够得到充分的实施。

8.3.3 美国

美国的农业立法以农业法为基础和中心，相配套的重要法律达到100 多个，因此农业法律体系十分完善，并将发展生态农业的各项措施具体化到各部法律之中。1953 年的《水土保持法》、1997 年的《水土资源保护法》《清洁水法》等都规定了对农业生态环境的保护；1983 年制定的有机农业法规对有机农业进行界定，并要求所有农药必须在联邦农业部登记，在使用州注册，使用者必须经过培训合格方可领证；1985 年颁布的《土壤保护法》对占全美耕地 24% 的易发生水土流失地实行 10～15 年休耕，对农民直接补贴；1990 年制定了《有机食品生产法》，1991年又发布了《有机食品证书管理法》；《2002 年农场安全与农村投资法案》授权农业部实施《保护保障计划》《保护保存计划》《湿地保存计划》《环境质量激励计划》《草地保存计划》《私有牧场保护计划》《野生生物栖息地激励计划》《农牧场土地保护计划》等，设立了"营销援助贷款和贷款差价支付"、"直接支付"或"直接补贴"、"反周期支付"三种补贴方式，加大了对农业生态环境的保护力度，调整了补贴方式，扩大了补贴范围，对实施生态保护计划的农民进行补贴，使农民直接受益（陈霞等，2015）。

8.3.4 日本

20 世纪七八十年代，日本开始重视农业环境问题，提倡发展循环型农业，有机农业在全国普遍兴起。日本相继出台了《废弃物处理法》《环境基本法》《资源有效利用促进法》《推进循环型社会形成基本法》《农药取缔法》《土壤污染防治法》等（杨秀平等，2006），有机农业、生态农业、农药化肥的减量使用开始逐步实施；1999 年日本正式颁布了

《食品、农业、农村基本法》，作为 21 世纪的基本方针，其核心在于实现农业的可持续发展和农村的振兴，确保粮食的稳定供给，发挥农业农村的多种功能。随后又颁布了农业环境三法：家畜排泄物法、肥料管理法（修订）和可持续农业法，将发展有机农业作为环境保全型农业的首选。2001 年实施有机食品国家标准及检查认证制度，制定了《有机食品生产标准》《有机农产品及特别栽培农产品标准》《有机农产品生产管理要领》等，确定了有机农产品生产技术路线和检查认证的制度。21 世纪初，随着消费者对食品安全和环境问题的关注度的提升，日本相继出台了《农药危害防止运动实施纲要》《农药残留规则》《农地管理法》，加强了对农药的审定、生产保管及使用的监察和管理。2005 年颁布了新的《食物、农业、农村基本计划》和《农业环境规范》，提出全面实施环境保全型农业是享受政府补贴、政策型等各项支持措施的必要条件，2006 年和2007 年先后出台了《关于推进有机农业的法规》和《关于有机农业推进的基本方针》。

8.4　中国生态环境政策法规评述

现代化进程中的中国在很长一段时间内仍面临着发展经济和保护环境的双重挑战。我国自创立环境保护标准以来，经过三十多年的发展，取得了一些成绩，但是现实环境产生问题的速度远超过解决环境问题的速度。伴随着高速发展的经济，环境问题已经不是极个别的小流域污染，而是整个生态环境系统都面临着被破坏的严峻形势。

8.4.1　我国环境法制体系

党和国家历来十分重视环境问题，将环境保护作为我国的一项基本国策。自改革开放以来，经过四十多年的努力，逐步建立完善我国的环境法制体系。目前，我国已建成由法律、国务院行政法规、政府部门规章、地方性法规和地方政府规章、环境标准、环境保护国际条约组成的环境保护法律法规体系。

1. 环境保护法律体系

（1）宪法。

宪法是国家的根本大法，《中华人民共和国宪法》的第九条、第十条、第二十二条分别规定了国家对自然资源、土地、名胜古迹、珍贵文物和其他重要历史文化遗产的保护；第二十六条规定"国家保护和改善生活环境和生态环境，防治污染和其他公害"。《中华人民共和国宪法》的这些规定为我国环境保护法制建设提供了重要的宪法依据，是环境保护立法的依据和指导原则。

（2）环境保护法。

环境保护综合法：《中华人民共和国环境保护法》是我国第一部单行的环境保护法律，于 1979 年 9 月 13 日第五届全国人大常委会第十一次会议通过试行。1989 年 12 月 26 日全面修订后的环境保护法在第七届全国人大常委会第十一次会议通过并实施。环境保护法对保护和改善生活、生态环境，防治污染和其他公害，建立健全的环境保护法律体系，促进社会主义现代化建设的发展都发挥了重要的作用，是我国环境保护的基本法。

环境保护单行法：我国环境保护单行法在环境保护法律法规体系中数量很多，也占有十分重要的地位。

污染防治法：《中华人民共和国水污染防治法》是 1984 年 5 月 11 日由第六届全国人大常委会第五次会议通过的，同年 11 月 1 日起实行，1996 年 5 月 15 日第八届全国人大常委会第十九次会议进行修改，并于修改决定公布之日起施行；《中华人民共和国大气污染防治法》于 1987 年 9 月 5 日由第六届全国人大常委会第二十二次会议通过，1988 年 6 月

1 日起实施，1995 年第八届全国人大常委会第十五次会议进行第一次修改，2000 年第九届全国人大常委会第十五次会议进行第二次全面修改，修订后的大气污染防治法于 2000 年 9 月 1 日起实施；《中华人民共和国环境噪声污染防治法》于 1996 年 10 月 29 日第八届全国人大常委会第二十二次会议通过，该法于 1997 年 3 月 1 日起正式实施；《中华人民共和国固体废物污染环境防治法》由第八届全国人大常委会第十六次会议于 1995 年 10 月 30 日通过，并于 1996 年 4 月 1 日开始实施。《中华人民共和国土壤污染防治法》于 2018 年 8 月 31 日第十三届全国人民代表大会常务委员会第五次会议通过，2019 年 1 月 1 日起施行。

生态保护法：包括水土保持法、野生动物保护法、防沙治沙法等。

海洋环境保护法：《中华人民共和国海洋保护法》于 1982 年 8 月 23 日由第五届全国人大常委会第二十四次会议通过，1983 年 3 月 1 日起开始实施，并于 1999 年第九届全国人大常委会第十三次会议进行全面修改，修订后的海洋环境保护法自 2004 年 4 月 1 日起实施。

环境影响评价法：《中华人民共和国环境影响评价法》由中华人民共和国第九届全国人民代表大会常务委员会第三十次会议于 2002 年 10 月 28 日通过，自 2003 年 9 月 1 日起施行。

环境保护相关法律：包括自然资源保护和其他有关部门法律。如森林法、草原法、渔业法、农业法、矿产资源法、土地管理法、水法、煤炭管理法、清洁生产促进法等。

2. 环境保护行政法规

环境保护行政法规是由国务院制定并公布，或经国务院批准有关主管部门公布的环境保护规范性文件（国家环境保护总局政策法规司等，2004）。目前已出台了一系列环境保护行政法规，基本上覆盖了所有环境保护行政管理领域，包括根据法律授权指定的环境保护法的实施细则或条例，如《中华人民共和国水污染防治法实施细则》《中华人民共和国大气污染防治法实施细则》；还有针对环境保护的某个领域而制定的条例、规定和办法，如《中华人民共和国防治陆源污染物污染损害海洋环境管理条例》《中华人民共和国防治海岸工程建设项目污染损害海洋环境管理条例》《中华人民共和国自然保护区条例》《放射性同位素与射线装置放射防护条例》《危险化学品安全管理条例》《淮河流域水污染防治暂行条例》《中华人民共和国海洋石油勘探开发环境保护管理条例》《中华人民共和国陆生野生动物保护实施条例》《风景名胜区管理暂行条例》《基本农田保护条例》。

3. 环境保护部门规章和地方性法规及规章

国务院制定了相当数量的行政法规，环境保护行政主管部门单独或与其他有关部委合作也制定了大量的部门规章，比如《环境保护行政处罚办法》《排放污染物申报登记管理规定》《环境标准管理办法》等；省、自治区、直辖市人大及其常委会和人民政府以及有地方立法权的城市也依据《中华人民共和国宪法》和相关法律，结合当地实际情况和特定环境问题制定在本地范围内实施，具有较强的可操作性的法规规章。

4. 环境标准

国家为了维护环境质量、实施污染控制，按照法定程序制定了各种技术规范，具有法律性质。目前，我国环境标准由五类三级组成：五类是指环境质量标准、污染物排放标准、环境基础标准、环境检测方法标准及环境标准样品标准等五种类型的环境标准；三级包括国家环境标准、国家环境保护总局标准及地方环境标准等标准的三个级别。其中国家级和国家环境保护总局级标准包括五类，由国务院环境保护总局负责制定、审批、颁布和废止；地方级标准只包括环境质量标准和污染物排放标准，凡颁布地方标准的地区，执行地方污染物排放标准，地方标准未作出规定的，仍执行国家标准。

5. 环境保护国际公约

目前，我国已缔结和参加了 50 多项环境保护国际公约、条约及议定书等，涉及臭氧层保护、化学品和危险废物、气候变化、生物多样性保护、核与辐射安全等方面。发布了《中国生物多样性保护行动计划》，建立了约占陆地国土面积的 15% 的自然保护区；率先制定了履行《斯德哥尔摩公约》国家实施方案，禁用了"滴滴涕"等 9 种杀虫剂类持久性有机污染物；在发展中国家中率先制定了《中国应对气候变化国家方案》，为应对气候变化作出不懈努力。

8.4.2 环境法规政策体系评估

中国的环境保护事业经过四十多年的发展，从无到有，从小到大，迅速发展，已经形成了相对较独立、完整的，多级别、多种类、多形式，使用范围不同的环保法律法规体系。宪法、环境保护法，水、气、噪音和固体等污染防治法，海洋、森林等自然资源保护法，既有基本性法律作为指导，又有单项性法律细化；国务院及有关部委发布的环保规章、条例、办法及地方立法机关和政府出台的地方性法规等，兼顾全局性与地区的特殊性；配合法律法规的执行，国家和地方制定了一系列的环境质量标准和污染物排放标准，以及环保政策、产业规范等，量化了环境保护的要求，也体现了环境保护发展的趋势。这些法律法规对保护和改善我国环境起到了很好的促进作用，但是随着社会的迅速发展、经济的快速增长，我国现行的环境法律已经不能完全适应。

1. 取得的成就

20 世纪 70 年代，我国的环保事业在艰难中起步，逐步走上了正确的发展道路。改革开放以来，从宪法到环境保护法再到各单项法律的制定实施，环境保护事业稳步发展。"八五"期间，我国提出了可持续发展的总体战略、对策以及行动方案，确定了污染治理和生态保护重点，加大了执法力度，积极稳步推行各项环保管理制度和措施；"九五"期间，国家大力推进"一控双达标"工作，全面开展了"三河"、"三湖"水污染防治，"两控区"大气污染防治，"一市""一海"的污染防治，环境污染防治取得初步阶段性进展；"十五"期间，党中央落实科学发展观，国家颁布了一系列的环境保护法规，我国污染治理模式由末端治理开始向全过程控制转变；"十一五"期间，国家又进一步加大环境保护力度，制定了建设资源节约型、环境友好型社会，大力发展循环经济，强化资源管理等一系列政策，并建立了节能降耗，污染减排的统计监测和考核体系。

随着国家对环境保护重视程度的不断提高，我国环境治理工作成绩斐然。"三废"治理取得成效，2008 年全国工业废水排放达标率比 2001 年提升了 7.2 个百分点，达到 92.4%；工业二氧化硫排放达标率提升了 27.5%，达到 88.8%；工业烟尘、粉尘排放分别提高了 22.3% 和 39.1%；工业废弃物综合利用率提高了 12.2%，"三废"综合利用产品产值达到 1 621.4 亿元，提高了 3.7 倍；全国化学需氧量和二氧化硫排放总量相较于 2005 年分别下降了 6.61% 和 8.95%，保持了双下降的良好趋势，并在"十三五"期间为减排目标打下基础。城市环境得到持续改善，2008 年全国城市污水处理厂日处理能力达到 8 106 万立方米，是 20 世纪 80 年代初的 96 倍；城市污水处理率比 90 年代初提升了 55.3%；建成区绿化率比 90 年代中期提高了 14.2%；全国监测的 519 个城市中，399 个城市将空气质量达到二级以上标准；全国监测的 392 个城市中，城市区噪声环境质量较好以上的占 71.7%。生态环境保护与建设不断加强，2008 年全国完成造林面积 535.4 万公顷，其中六大林业重点工程造林面积 343.8 万公顷；自然生态保护区数量面积都有所增加，自然湿地进一步得到保护；截至 2008 年底，全国累计水土流失治理面积达到 10 159

万公顷，比 2000 年增加了 2 063 万公顷。

2. 环境立法有待完善之处

（1）立法覆盖领域不全。我国现行的生态环境资源法律法规所覆盖的领域还不全面，生物安全、遗传资源保护、核安全等领域的立法存在着漏洞和不足。由于没有外来物种入侵方面的法律法规，面对该危害，相关法律法规的调整范围大多局限于控制农林业害虫、杂草和疾病，以及人类健康性疾病等，忽视了其影响生物多样性、生态平衡、生态安全、资源安全的严重危害性，造成严重的生态环境资源破坏。调整范围的狭窄，重要领域的立法空白，导致面对防范外来物种入侵时必然会造成无法可依。此外，在国家立法层面上来看，专门针对湿地保护的法律法规尚属空白，仅有国务院各部委共同制定的政策文件《中国湿地保护行动计划》，对湿地的保护和利用只能参照其他相关法律。

（2）法律条款针对性和可操作性有待加强。法律规定的可操作性是确保法律得到充分执行的先决条件。现行环境保护法律中，部分法律条款权责不明，影响立法执行度，比如在《中华人民共和国水法》第二十七条第二款规定："在不通航的河流或者人工水道上修建闸坝后可以通航的，建设单位应同时修建过船设施或预留过船设施位置。"该项条款中未明确修建闸坝或过船设施的费用承担责任，建设单位和交通部门等相关部门之间容易因费用承担问题发生争执，立法得不到执行，建设进度拖延。此外，有些法律条款未规定相应法律责任，导致违反规定的行为没有处罚措施，法律规定难以落实。地方环境立法对国家立法的模仿性强，弱化了地方环境法律对国家法律条款的补充性作用，更多是对中央立法的具体化，形成地方环境立法与当地实际情况结合度不高，过于原则和抽象，针对性和可操作性不强。

（3）可持续发展战略的重要性未体现。可持续发展是 20 世纪 80 年代提出的一个新的发展观。它的提出是应时代的变迁、社会经济发展的需要而产生的。我国环境保护法律法规中，还未将可持续发展作为立法的精神和指导思想。此外，在自然资源相关法律中，生态环境保护也没有作为重要的指导思想和立法目的，未对自然资源开发中的生态环境保护缺乏详细的规定，致使这些法律不能满足和适应生态环境保护的需求。

（4）各部门制度不协调，责任追究机制不健全。现有环境法的基本制度间缺乏统一性，各项制度适用范围边沿模糊，内容针对性不强，法律的可操作性较低，部门之间容易因利益冲突影响立法执行，管理权碎化、执法分散和效率不高等问题也会导致法律应有的评价功能未能完全发挥，其作用和效力大大被削弱。我国刑法对新形势下突发的许多严重环境破坏行为没有具体法律条款，生态补偿机制不健全，补偿主体、对象及形式等方面都有待于进一步明确规定。

我国环境法制建设中存在的政府环境责任不明确的问题，归根结底是由于环境责任法制不健全，从而致使政府未正确处理其经济责任和环境责任之间的关系，忽视了环境责任在政府责任中的地位。此外，中央政府和地方政府的环境责任关系不协调，导致地方政府在环境保护方面自觉性不高，缺乏创造性和积极性，不能与中央统一步调，同时还存在重政府权力制度，轻政府问责制度的现象。此外，责任主体规定狭窄，除环境保护主管部门之外，其他政府部门的权利没有在法律条款中得到充分体现，因此其职责更加不明确，更忽略了所有社会主体均应是环境污染的实施者和环境责任的承担者。

（5）环境保护行政管理存在局限性。《中华人民共和国环境保护法》将我国环境监督管理体制分为三个层次，包括国家环境保护行政主管部门、地方人民政府和地方环保部门、政府相关部门。其中地方环保部门的不独立性，造成难以实现统一监督管理。地方环保部门同时受国家环境保护行政主管部门和地方人民政府的双重领导，双方所追求的行政目的有差异，环保部门以防止环境污染和破坏为主，地方政府以地区生产总值和经济增长为目的，以牺牲环境代价换来地方经济发展是实践中不得不面对的问题，由于地方环保部门的管理权在地方政府，因此其工作开展也往往会受制于地方政府。同时地方监督管理体系也不完整，缺乏社会参与。环境保护法规定政府在环境监督体制中处于主导地位，公民、媒体和社会组织等社会力量参与的规定十分有限，没有形成全社会参与的监督和制约机制，没有民众的参与和监督，生态环境安全难以保证。

（6）环境污染监测和预报系统立法。四十多年来，中国的环境监测以完善环境检测技术体系为工作主线，制定了全国环境监测技术路线及大部分环境监测技术规范、规定、标准和方法，以环境空气和地表水监测为突破口，建成了覆盖我国主要水体的地表水自动监测网络和重点城市的空气自动监测网络等，取得了一定的成绩。但仍存在着覆盖面小，检测项目少，大众对检测结果知晓率低等不足，因此对全面环境监测机构的设立，检测范围、检测对象、检测项目，以及检测报告的公示性等都应明确立法并保障实施。

（7）综合性生态保护法建立步伐需加快。自然环境是一个有机整体，其各要素之间相互依存，因此要想达到生态环境保护的整体效果，单要素管理不能完全满足这一客观要求。目前国际上已从单要素管理向多要素、全系统综合管理转变，对生态保护的统一监督和综合管理强调性加强。很多国家开始了综合型生态环境保护法的制定，将单一生态环境要素的治理和保护上升至整个生态环境的保护。我国颁布的一系列有关环境保护的法律法规侧重点都不同，大多针对自然环境中某一特定要素来制定。随着社会和自然状况的不断改变，环境法不应该再是简单的环境管理法，而是以环境承载力为基础性判断、以循环型社会为路径的确保人与自然和谐的基本法。无论是污染防治还是生态保护，都具有很强的宏观性、社会性、综合性，涉及各个部门的工作，要实行综合治理，统一立法、统一规划、统一监管，因此对生态环境的保护要树立宏观的、系统的观念，以科学发展观为指导，尽快完善生态环境保护法律法规。

8.5　对新时期生态农业建设的思考

8.5.1　传统生态农业发展的局限性

（1）生产主体小，产业化水平低，制约着生态农业建设的规模化发展。在我国生态农业建设中，农户、行政村都担任着重要的角色，是建设的主体，难以达到生态农业产业化和规模化的生产要求。因此很难达到经济规模，抵御来自较大的经济环境和生态环境的冲击的能力较低。

（2）理论支撑点散面窄，缺乏系统性。一个完整的农业生态系统包含着很多组成成分，需要严密的理论支撑才能设计出适用的复合系统。以往针对生态农业的研究多侧重于单一学科，未形成系统、综合的研究。此外，对于发展生态农业的法律对策、战略方针、检测体系和标准化评价体系等问题的研究与生态农业发展脱节。

（3）技术体系缺乏系统性、配套性。传统的生态农业技术体系基本上是对以往技术的整合，对复合生态农业系统的设计缺乏综合性技术措施的研究。此外实用技术到位率差，科技立项与农民的知识水平和经济承载能力脱节，技术结构不合理等问题也比较突出。

（4）资金短缺，建设推进过程缓慢。传统生态农业建设的资金支撑主要来源于国家补贴。在有限的补贴下，生态农业建设项目难以全面展开，长期处于初级阶段，无法取得财政的独立，建设进程缓慢甚至停滞。

（5）缺乏政策保障。目前还未制定全国生态农业建设的法规或条例，仅依靠《全国生态农业建设技术规范》等指导性文件进行生态农业建设，缺乏全国生态农业的总体目标、指导思想、发展措施和保障机制等纲领性的文件，对于地方生态农业建设的政策激励机制也不健全，实施主体缺乏积极性。

（6）生态意识差，对生态农业的发展认识不足。农民往往追求经济利益和眼前利益，对提倡和实施生态农业难以接受，导致生态农业的技术不易推广和广泛应用。

8.5.2　新时期生态农业发展的机遇

当前，生态农业发展迎来了新的机遇。在环境污染日益严重、食品安全问题频发的现实压力下，公民的环保意识逐渐提升。农业生产的主体也多元化，农业企业、专业大户、家庭农场等经营主体逐渐替代一家一户的传统经营，为生态农业模式及技术体系的实施创造了条件。党的十八大将"大力推进生态文明建设"独立成章，凸显了生态文明对我国未来发展的重大意义，为新时期生态农业的发展提供了良好的政策环境。

8.5.3　新时期生态农业发展的思考

1. 进一步加大宣传，树立生态农业可持续发展的理念

经济效益是一切社会建设的原动力，生态农业建设的成功与否，不仅取决于本身设计的优劣，实施主体的接受程度亦是关键所在，对长期经济效益和短期经济效益的选择很大程度上影响着生态农业的发展。因此要进一步加大生态农业的宣传力度，提高干部群众的生态文明意识，使其认识到生态农业建设关系到自己的切身利益，生态效益是长远的经

济效益，保护生态环境就是保护农业生产力，生态建设就是提高农业竞争力。让生态农业的可持续发展理念深入人心，增加公众参与生态建设和环境保护的积极性和创造性。

2. 重视教育培训，加大科技投资力度

生态农业的科技含量较高，需要实施主体有较高的文化素质和科学技能。欧盟国家的农业教育占农业预算总额的 20%～25%，欧美发达国家在对农民的基础教育、职业教育、技术推广、进修深造等方面均建立有一套完整的体系。例如，美国建立了全国性的持续农业研究网络：在联邦一级和各大生态农区，由全国性和地区性可持续农业研究教育指导委员会对重要课题研究和相应经费进行研究决策；农业院校开设农业与资源保护专业课程，为生态农业建设输送专业人才；地区一级一般将指导委员会挂靠州立大学，同时美国政府通过开办农业科技讲座、短期培训、邀请科技人员讲解等方式为农民提供免费知识和技术服务，形成教、研、推广相结合的完备体系。

新时期生态农业建设需要加强有关生态农业的前沿研究，加大科技投入力度，形成教育、科研、科技推广单位一体的科技服务体系，通过对生态专业的优惠政策培育更多生态专业人才；生态农业实施地区应设立农业技术学校或推广站，承担本地区农民的技术普及教育，培训内容除生产技术外，还应加入对市场信息的掌握等。

3. 加快科技创新，构建新型技术推广体系

针对我国的基本国情和农情，生态农业发展的核心技术要侧重于提高土地持续利用率和产出率，要加强土地集约型农业技术体系的综合研究，加强传统技术与现代技术，常规技术与高新技术的结合，注重生物技术与工程技术的相互补充，形成优化配套的生态农业技术体系。同时，生态农业技术要真正体现区域发展特点。生态农业是一种新型的现

代农业，在技术推广中，要改变传统的农业技术推广模式，加强科技与市场之间的衔接，科技与效益的结合，通过技术市场来调节技术供需。

4. 建立健全农业社会服务体系

生态农业建设是一个持久、长期的过程，有效的社会服务体系不仅为农民提供优质的品种、幼苗、技术支撑等，还要提供信贷服务和信息服务。从事生态农业的农民往往在项目实施几年之后才能盈利，信贷服务对于生态农业的持续发展和扩大发展有着重要的意义，在美国的农业资本投入中，大约40%的投入来源于信贷，每年有70%以上的农场依靠信贷来维持和扩大生产。此外，有效的信息服务对农民调整生产结构、获取更高的经济收益十分有利，也是生态农业发展的重要助力。

5. 提高农业产业化水平，实现生态农业产业化经营

农产品价格是制约生态农业发展的因素之一，在市场经济下生态农业的可持续发展受到农产品价格的影响，提高农业产业化水平是一个重要的解决方案。结合我国小农经营的现状，专业合作组织的发展是生态农业产业化迅速发展的关键，它可以从技术、生产资料供应、作业、销售等各个方面为农民提供方便与保证，从而提升产品竞争力和农民抵御市场风险的能力。此外生态农业产业化是以市场为导向的，根据市场需求信息和价格来引导生产和销售的各个环节，因此需要积极培育绿色市场，首先建立完善的绿色产品市场，形成有序的地方绿色产品市场和区域绿色产品市场，进而形成全国统一的绿色产品市场。

生态农业产业化是一项新的系统工程，需要社会各个层面的支持，尤其是资金方面的支持。因此需要构建完善的农业产业化经营的金融支持体系，包括金融供给体系、农业投融资体系、信用担保体系和农村金融监管体系。

6. 建立稳定的保障体系，完善激励制度

发达国家发展生态农业的经验告诉我们，生态农业的可持续发展要以完整的政策体系和法律法规体系为支撑。通过法律法规对生态经济进行规范，做到有法可依，有章可循，使生态农业建设走上规范化、法制化的轨道。同时，农业环境、资源保护与利用政策，农业支持政策，加强农业科技进步政策，农业科研、教育、推广等方面的激励、保护政策，农业价格政策等是生态农业产业化的提高、生态农业技术的发展、生态农业保险制度和农业标准化体系建立的重要保障。因此，新时期生态农业建设中稳定的政策法规体系是必不可少的。

7. 大力发展循环经济，建立通畅循环连接

以物质、能量梯次和闭路循环使用的循环经济本质就是生态经济，它把清洁生产、资源综合利用、生态设计和持续消费等融为一体。在生态农业建设中大力发展循环经济，通过充分利用太阳能和水，促进物质在系统内重复循环利用，实现物质利用的最优化从而减少废弃物排放，降低投入，实现农业的可持续发展。

第 **9** 章

基于综合防控模式的政策建议

9.1 建立健全农业面源污染防治法规体系

我国农业面源污染形成机理复杂，其防控的边缘化导致至今没有形成其相应的防治法规体系，导致针对农业面源污染的防控缺乏规范性、长效性。当务之急应尽快构建科学合理的农业面源污染防治法规体系，使农业面源污染的防治工作有法可依、有章可循。

首先，应从发展循环经济和建立环保、资源节约型社会的角度出发，构建由政策框架法、单项实体法和程序法等构成的完整法律框架，例如控制有机废弃物排放的法规、促进有机废弃物循环利用的法规、控制农药污染的法规等；其次，要对每一单项实体形成法律、行政法规、规章和技术规范所构成的配套体系，强化法律的可操作性；再次，要建立健全的污染检测体系，对农药等化学投入品的生产、使用、贮存和运输实行全过程监控，从农业面源污染产生的各个可能的环节进行有效控制和监测；最后，需要加强地方立法，我国各地区经济发展水平不同，污染程度差异很大并且形式多样，各地区要切合地域特点，制定符合区域发展的地方法规，加强农业面源污染防控的针对性和可操作性。

9.2　构建我国农业面源污染防治的财政政策

在环境污染治理中经常用到的经济手段有税费制度、财政补贴、排污权交易等，但目前来看在农业面源污染的治理中，这些经济手段的应用还不是很普遍。构建我国农业面源污染防治的财政政策首先应该在流域层面开展化肥农药税和污染收费政策、费用分摊政策、生态补偿政策和点源—非点源排污权交易等政策试验活动，甄选出符合区域特征的、防控成效较好的财政政策予以推广；同时要详细明确各级政府在财政支农方面的界限和责任，将支农财政纳入各级政府的预算。由于我国大部分地区县乡都没有自行支付这部分财政的能力，中央和地方政府要增加这部分财政特别是绿色补贴的投入，形成以中央和省级政府为主，各地市县乡为辅的绿色补贴体制；此外还要积极探索建立投融资和财政补贴机制的渠道，采用财政融资、政策融资和市场融资相结合的融资手段，加强环保参与和引导投资的能力，扩展国内外的优惠贷款渠道，与各种金融组织采取多种方式的合作。

9.3　完善农业环境监测体系

农业面源污染与空间、季节、时间、地形植被状况、水域面积等直接相关。我国地域宽广，自然环境形式多样，有效开展对农业面源污染的防控需要建立农业面源污染的地理信息系统，提高监测效率和决策准确性。农业环境监测体系的建立首先需要规范我国农村面源污染监测的法律体系、指标体系和统计体系；其次要完善现有的农业系统检测网站，并根据农业面源污染检测的需求，建立并形成覆盖重点区域的农业污染监测网络；还要对已实施的控制技术和措施进行记录，通过长期定点监测，摸清农业污染的底数。农业环境监测体系的完善一方面有利于探索农业面源污染防治技术的评价方法以及各区域适应型技术的研究，健全和完善农业面源污染防治技术体系；另一方面还可以在此基础上重点开展主要污染物在整个生态系统中迁移规律的研究、农业立体污染防控新技术新方法的研究，开发基于空间数据的决策支持系统。

9.4　建立农业面源污染综合防治示范点

建立农业面源污染综合防治示范点的目的在于以点辐射面，低成本实现区域农业面源污染的防控目标。首先根据不同区域的污染特征和社会经济发展条件，选择典型的农业面源污染综合防治示范点。在示范点内，通过污染综合防治的区域适应型技术研究，筛选出关键的防治技术，形成技术集成模式，并规划农业发展和环境友好型技术相结合的总体布局，探索不同的生产模式下的农业污染综合防治技术与管理模式，建立示范区农业面源污染综合防治的管理机制，形成节本增效、环境友好的农业发展模式。通过高效技术的集成和推广，不仅能从源头控制农业面源污染，更通过建立综合防治示范点，发展可持续农业或生态农业等良好环境行为的耕作模式。此外，还要通过建立综合防治示范点推广有机食品和绿色食品标准及标识认证，鼓励有机食品和绿色食品的消费，不断扩大其市场，从而有效拉动农业污染防控。

9.5　加强农民专业技术组织的建设

研究表明，农业技术协会或者农业经济合作组织等不仅可以组织农户进行市场销售、参加技术培训，同时也能引导农民增强环保意识，促进环境友好型技术的推广。农业面源污染分布面广，排放量大，不仅仅涉及某一户或者某一个区域，其防治需要农户的广泛参与。农业专业技术组织可以通过宣传和培训，消除农户对农业污染的模糊认识，使其更全面地了解污染的途径和严重危害性，增强污染防治的自觉性。目前我国政府已经多层面推动了此类组织的建立，但由于管理系统的缺乏和法人地位的不确定，这类专业技术组织的数量还远远不够，其作用的发挥也受到了限制。因此建议尽快建立农民专业技术组织相关的法律法规，明确其功能定位、法人地位、管理职能等，发挥其在环保宣传、化肥农药等管理和技术培训等方面的功能，充分发挥其宣传、培训、推广等方面的职能。同时政府要转变职能，为此类组织提供信贷、培训、信息交换等方面的支持，一方面扶持和鼓励农民专业技术组织的建立，另一重要方面是提高这类组织的层次，为其信息更新畅通渠道。

农村污染防控与治理农户调查表

省：＿＿＿＿＿＿＿＿

县：＿＿＿＿＿＿＿＿

乡：＿＿＿＿＿＿＿＿

村：＿＿＿＿＿＿＿＿

一、农户家庭基本情况

注：1. 此处所填家庭成员指全年在家居住时间超过 6 个月的；

2. 当年务农指全年干农活时间超过 30 天；

3. 收入指总收入，生产性开支（化肥、农药、种子、地膜、水费、机耕等）应从收入中扣除，而消费性开支不扣。

1. 家庭基本特征

你家现在有几口人？＿＿＿＿＿＿人。家庭中是否有呼吸系统疾病患者？＿＿＿＿＿。

家庭成员或特征变化？ 1=有；0=没有	你家这两年家庭成员数量有变动吗？	你家户主有变动吗？	你家这两年还有人在上学吗？	你家这两年有人入党或者原来是党员现在退党了？	你家有人这两年新做干部，或原是村干部，这两年不做了？

2. 家庭成员情况

编码	01 与户主的关系（代码）	02 性别 (1=男；2=女)	03 户口类型 (1=农；2=非农；3=没户口)	04 年龄（周岁）	05 上过几年学（不包括学前班和培训班等）？（年）	06 是否党员 (1=是；2=否)	07 是否是村干部？ (1=是；2=否)	08 家庭收入？（元）
1								
2								
3								

与户主关系代码：1=户主；2=配偶；3=孩子；4=孙辈；5=父母；6=兄弟姐妹；7=女婿，儿媳，姐夫，嫂子；8=公婆，岳父母；9=亲戚；10=无亲戚关系。

变化编码：1=出生；2=死亡；3=迁移；4=婚嫁；5=就学返家；6=服役或复员；7=送养或孤儿；8=分家；9=其他。

1. 您家的饮用水如何获得？　　A. 井水　　B. 河水　　C. 自来水　　D. 其他

2. 您家牲畜的饮用水如何获得？　A. 井水　　B. 河水　　C. 自来水　　D. 其他

3. 最近年份是否出现过环境污染事件（与乡镇企业有关）？主要是什么被污染？污染造成原因？

4. 如果污染影响了你们的生活，你们会提出抗议或要求赔偿吗？

二、农作物生产和销售基本情况

2.1　耕地使用情况

注：写入作物实际使用种植面积。并在后面注上 S＝夏熟作物；A＝秋熟作物。

年份	耕地总数（亩）	田块数	水田（亩）	旱田（亩）	其他（亩）	小麦（亩）	玉米（亩）	水稻（亩）	棉花（亩）	油料（亩）	蔬菜（亩）	水果（亩）	其他（亩）
2007													
2008													
2009													
2010													

（1）土地面积＿＿＿＿＿亩，其中裸露地面积（　）亩，裸露的时间（　）月，裸露季节（　）。

（2）家庭是否有设施大棚？如果有，设施大棚的面积（　），设施大棚的种植类型＿＿＿＿＿。

2.2　农业生产劳动投入（单位：天）

年份	农业生产用工	产品销售	义工（修路、水利等）
2007			
2008			
2009			
2010			

2.3 主要农作物产量与销售比率

年份	小麦（千克）			玉米（千克）			水稻（千克）			棉花（千克）			其他（千克）		
	总产量	销售量	单价（元/千克）	总产量	销售量	单价（元/千克）	总产量	销售量	单价（元/千克）	总产量	销售量	单价（元/千克）	总产量	销售量	单价（元/千克）
2007															
2008															
2009															
2010															

2.4 主要蔬菜和水果产量与销售比率

年份	常规蔬菜（千克）			无公害蔬菜（千克）			有机/绿色蔬菜（千克）			水果 1（千克）			水果 2（千克）		
	总产量	销售量	销售收入（元）	总产量	销售量	销售收入（元）	总产量	销售量	销售收入（元）	总产量	销售量	销售收入（元）	总产量	销售量	销售收入（元）
2007															
2008															
2009															
2010															

2.5　主要水产养殖业产量和销售比率

年份	水产品 1（千克）			水产品 2（千克）			水产品 3（千克）			水产品 4（千克）			其他（千克）		
	总产量	销售量	销售收入（元）	总产量	销售量	销售收入（元）	总产量	销售量	销售收入（元）	总产量	销售量	销售收入（元）	总产量	销售量	销售收入（元）
2007															
2008															
2009															
2010															

三、农业投入品使用情况

注：以下选三种各年主要使用的化肥、农药和农膜。

3.1　主要化肥使用情况（指 2005 年）

农作物品种	化肥 1					化肥 2					化肥 3				
	名称品牌	使用总数量（千克）	单价（元）	购买处代码	施肥时间（上午、下午）和总次数	名称品牌	使用总数量（千克）	单价（元）	购买处代码	施肥时间（上午、下午）和总次数	名称品牌	使用数量（千克）	单价（元）	购买处代码	施肥时间（上午、下午）和总次数
小麦															
水稻															
玉米															
棉花															
油料															
蔬菜															
水果															
其他															

购买代码：1=上门送货；2=供销社；3=村商店；4=镇商店；5=县商店；6=农民协会；7=个体商贩；8=其他：注明。

3.2　主要农药使用情况

农作物品种	农药1					农药2					农药3				
	名称品牌	使用总数量（千克）	单价（元）	购买处代码	施药时间（上午、下午）和总次数	名称品牌	使用总数量（千克）	单价（元）	购买处代码	施药时间（上午、下午）和总次数	名称品牌	使用数量（千克）	单价（元）	购买处代码	施药时间（上午、下午）和总次数
小麦															
水稻															
玉米															
棉花															
油料															
蔬菜															
水果															
其他															

购买代码：1＝上门送货；2＝供销社；3＝村商店；4＝镇商店；5＝县商店；6＝农民协会；7＝个体商贩；8＝其他：注明。

3.3　主要农膜使用情况

农作物品种	农膜1					农膜2					农膜3				
	名称品牌	使用数量（千克）	单价（元）	购买处代码	农膜使用时间（上午、下午）和总次数	名称品牌	使用总数量（千克）	单价（元）	购买处代码	农膜使用时间（上午、下午）和总次数	名称品牌	使用数量（千克）	单价（元）	购买处代码	农膜使用时间（上午、下午）和总次数
蔬菜															
水果															
其他															

购买代码：1＝上门送货；2＝供销社；3＝村商店；4＝镇商店；5＝县商店；6＝农民协会；7＝个体商贩；8＝其他：注明。

1. 您掌握化肥或农药的使用方法是通过：

A. 根据技术人员指导　　B. 看使用说明　　C. 根据经验　　D. 其他

2. 请问您在施肥施药时是否会考虑天气因素？您是在雨前还是雨后施肥施药？

3. 您在何处清洁这些带有化肥农药的器具？是公共水源处？还是自家地里或院里？您如何处理化肥农药的包装袋、桶、瓶罐？

4. 化肥使用过量是否会造成污染？如果会造成污染，主要会产生哪些污染？

5. 您认为化肥造成污染的程度：严重、一般、没有影响

6. 是否使用高毒高残留的农药？是否知道使用这些农药会造成污染？如果会造成污染，主要会产生哪些污染？（请详细说明）

7. 您认为农药造成污染的程度：严重、一般、没有影响

8. 不回收农膜是否会造成污染？如果会造成污染，主要会产生哪些污染？（请详细说明）

9. 您认为农膜造成污染的程度：严重、一般、没有影响

10. 您认为应该采取何种方式，改善和控制农业上化肥等化学投入品造成的污染？

3.4 农户有机肥使用情况

有机肥类型	数量（千克/吨）	主要用于哪些农作物	有机肥使用时间（春季、秋季）

四、生产性废弃物处理

1. 农膜用完后如何处理？

A. 随意丢放在环境中　　B. 交给当地农膜回收机构　　C. 其他：＿＿＿＿＿

2. 这种处理方式造成污染的程度：严重、一般、没有影响

3. 这种处理方式的费用（　　）　收益（　　）

4. 一般而言，每年农作物秸秆数量有多少？

5. 农作物秸秆如何处理？

A. 堆在田间　　B. 堆在房屋旁　　C. 田间焚烧　　D. 用于家庭取暖

E. 专门处理（生产沼气、肥料、饲料）　　F. 其他：＿＿＿＿＿

6. 这种处理方式造成污染的程度：严重，一般，没有影响

这种处理方式的费用（ 　 ）收益（ 　 ）

7. 当地政府是否禁烧？违禁者如何处罚？您对相关政策有何看法？

8. 当地政府是否推广过秸秆利用技术？您对此有何看法？

9. 每年蔬菜废弃物数量？

10. 蔬菜废弃物如何处理？

A. 随意丢弃在环境中　　B. 专门处理（生产沼气、肥料、饲料等）

11. 这种处理方式造成污染的程度：严重，一般，没有影响

这种处理方式的成本（ 　 ）收益（剔除成本）（ 　 ）

12. 每年水果废弃物数量？

13. 水果废弃物如何处理？

A. 随意丢弃在环境中　　B. 专门处理（生产沼气、肥料、饲料等）

14. 这种处理方式造成污染的程度：严重，一般，没有影响

这种处理方式的成本（ 　 ）收益（剔除成本）（ 　 ）

C. 其他：_____

C. 其他：_____

五、农户生活废弃物

1. 您家每天人、畜饮水的数量？

2. 饮用水污染程度：严重，一般，无污染

3. 您家每天人、畜生活污水数量？

4. 您家人、畜生活污水如何处理？

A. 直接倒在地上　　B. 村里有专门污水沟　　C. 其他：＿＿＿＿＿＿

5. 如果村里有专门污水沟，这些生活污水流向哪里？

A. 附近的水体　　B. 村外的荒地　　C. 污水灌溉

6. 生活污水是否对您的的生活环境造成不良影响？如空气中是否有恶臭？蚊蝇老鼠是否增多？对您家的饮用水源是否造成污染？

7. 您家每天生活垃圾（固体）的数量？您家生活垃圾如何处理？分为干垃圾和湿垃圾（干垃圾是指废旧电池、废纸、塑料袋等固体垃圾，湿垃圾是指生活污水等）

A. 直接倒在地上　　B. 村里有专门垃圾堆放处　　C. 其他：＿＿＿＿＿＿

8. 农户家庭是否有厕所？

如果有，厕所类型？

A. 冲水厕所　　B. 非冲水厕所　　C. 露天　　D. 非露天　　E. 其他：＿＿＿＿＿＿

9. 您家每天人、畜粪便的数量？

人、畜粪便如何处理？

A. 直接用作农作物肥料　　B. 无害化处理后用于农作物肥料　　C. 专门处理（生产沼气、肥料等）

D. 集中处理　　E. 其他：＿＿＿＿＿

这种处理方式的费用（　　）　收益（　　）

10. 您家生活用能源的类型？

A. 煤　　B. 燃气　　C. 电力　　D. 薪柴　　E. 其他：＿＿＿＿＿

11. 您家一年用于生活能源的消耗量是多少？

A. 煤（　　）　B. 燃气（　　）　C. 电力（　　）　D. 薪柴（　　）

E. 沼气　F. 秸秆　G. 其他：＿＿＿＿＿

六、农户意愿调查（注：如果被调查者不知道或知道的不多，可对其适当介绍，然后进行下面的意愿调查）

1. 您家是否愿意采取或者已经采取过如下行动：

A. 减少化肥、农药施用量　　B. 饮用水由浅层改为深层　　C. 施用环保型农药化肥

D. 改用推荐施肥方案　　E. 科学施用化肥农药如轻释技术作物作病虫害防治措施

F. 病虫害生物防治、生物覆盖、轮作倒茬、种子包衣处理　　G. 其他：＿＿＿＿＿

2. 您是否支持减少农药化肥投入，从而减少环境污染的做法？

3. 如果政府对采取病虫害综合防治（IPM—该方法通过秸秆覆盖、轮作倒茬、种子包衣处理、采用抗病虫品种、

空释技术、清洁生产等方式，减少化肥农药施用，提高防治效果）的农户给予一定的技术支持和资金补助，您是否会采用这些管理措施？

4. 如果不采取这些措施，原因是什么？

A. 资金补助额度低　　　　B. 技术可采纳度不高　　　C. 其他：＿＿＿＿＿＿

5. 如果当地的水源发生污染，您会采取什么措施应对这种污染？

A. 提出环境赔偿诉求并支持政府实施采取保护环境减少污染　　B. 减少化肥用量，施用环保型农药化肥

C. 积极支持农业环保法制化　　D. 开采更深层水源、净化水质、喝纯净水、调水工程等

E. 其他：＿＿＿＿＿＿

参 考 文 献

[1] 陈红、张志刚：《大兴安岭森林食品产业集群发展研究》，载于《中国林副特产》2006 年第 6 期。

[2] 陈洪波、王业耀：《国外最佳管理措施在农业非点源污染防治中的应用》，载于《环境污染与防治》2006 年第 28 期。

[3] 陈霞、于丽卫、康永兴、陈伟忠：《国外发展生态农业的经验与启示》，载于《天津农业科学》2015 年第 4 期。

[4] 程炯、林锡奎、吴志峰、刘平、陈志良：《非点源污染模型研究进展》，载于《生态环境》2006 年第 3 期。

[5] 崔键、马友华、赵艳萍、董建军、石润圭、黄文星：《农业面源污染的特性及防治对策》，载于《中国农学通报》2006 年第 1 期。

[6] 董克虞：《畜禽粪便对环境的污染及资源化途径》，载于《农业环境保护》1998 年第 6 期。

[7] 冯孝杰、魏朝富、谢德体、邵景安、张彭成：《农户经营行为的农业面源污染效应及模型分析》，载于《中国农学通报》2005 年第 12 期。

[8] 高定、陈同斌、刘斌、郑袁明、郑国砥、李艳霞：《我国畜禽养殖业粪便污染风险与控制策略》，载于《地理研究》2006 年第 2 期。

[9] 高忠坡、倪嘉波、李宁宁：《我国农作物秸秆资源量及利用问题研究》，载于《农机化研究》2021 年第 4 期。

[10] 国家发展和改革委员会价格司：《全国农产品成本收益资料汇编 2010》，中国统计出版社 2010 年版。

[11] 国家环境保护总局政策法规司、国家环境保护总局：《中国环境保护法规全书》，化学工业出版社 2004 年版。

[12] 国家统计局、国家环境保护总局：《中国环境统计年鉴》，中国统计出版社 2007 年版。

[13] 郝学宁、田种存、刘雪莲：《化肥污染与环境保护》，载于《青海农林科技》2000 年第 1 期。

[14] 何浩然、张林秀、李强：《农民施肥行为及农业面源污染研究》，载于《农业技术经济》2006 年第 6 期。

[15] 洪大用、马芳馨：《二元社会结构的再生产——中国农村面源污染的社会学分析》，载于《社会学研究》2004 年第 4 期。

[16] 李凡军：《我国农业面源污染现状及对策研究》，载于《中国资源综合利用》2018 年第 7 期。

[17] 李贵宝、尹澄清、周怀东：《中国"三湖"的水环境问题和防治对策与管理》，载于《水问题论坛》2001 年第 3 期。

[18] 李洁、周应恒：《农村环境教育在控制农村面源污染中的作用》，载于《南京农业大学学报（社会科学版）》2007 年第 3 期。

[19] 李学术、徐天祥：《云南省少数民族贫困地区农户生态经济行为研究：现状与构想》，载于《云南财经大学学报》2006 年第 5 期。

[20] 李玉浸：《集约化农业的环境问题与对策》，中国农业科技出版社 2001 年版。

[21] 李玉文、徐中民、王勇、焦文献：《环境库兹涅茨曲线研究进展》，载于《中国人口·资源与环境》2005 年第 5 期。

[22] 李远、王晓霞：《我国农业面源污染的环境管理：背景及演变》，载于《环境保护》2005 年第 4 期。

[23] 林泽新：《太湖流域水环境变化及缘由分析》，载于《湖泊科学》2002 年第 2 期。

[24] 刘冬梅、管宏杰：《美、日农业面源污染防治立法及对中国的

启示与借鉴》，载于《世界农业》2008 年第 4 期。

[25] 刘凤枝、李玉浸、孙宝利：《可持续农业及其特征简述》，载于《天津农林科技》2003 年第 5 期。

[26] 刘宇虹：《我国农业污染的防治对策》，载于《宏观经济管理》2008 年第 7 期。

[27] 柳毓梅：《国外农业非点源污染研究概述》，载于《农业科学苑》2007 年第 14 期。

[28] 卢亚丽、薛惠锋：《我国农业面源污染治理的博弈分析》，载于《农业系统科学与综合研究》2007 年第 3 期。

[29] 陆剑飞、郑永利、夏永峰：《蔬菜主要害虫抗药性发展现状与治理对策探讨》，载于《农药科学与管理》2004 年第 2 期。

[30] 马中：《环境与自然资源经济学概论（第二版）》，高等教育出版社 2006 年版。

[31] 牛俊玲、郑宾国：《GIS 技术在农业非点源污染中的应用研究》，载于《农业环境与发展》2008 年第 5 期。

[32] 阮兴文：《我国农业面源污染防治的制度机制探讨》，载于《乡镇经济》2008 年第 7 期。

[33] 石晓晓、郑国砥、高定、陈同斌：《中国畜禽粪便养分资源总量及替代化肥潜力》，载于《资源科学》2021 年第 2 期。

[34] 谭绮球、苏柱华、郑业鲁：《国外治理农业面源污染的成功经验及对广东的启示》，载于《广东农业科学》2008 年第 4 期。

[35] 王敦清：《国外生态农业发展的经验及启示》，载于《江西师范大学学报（哲学社会科学版）》2011 年第 1 期。

[36] 王丽娜、胡姝婕：《污染控制的激励机制研究》，载于《辽宁工业大学学报（社会科学版）》2008 年第 3 期。

[37] 王欧、方炎：《农业面源污染的综合防治与补偿机制的建立》，收录于《全国农业面源污染与综合防治学术研讨会论文集》，2004 年。

[38] 王晓燕：《控制农业非点源污染的排污收费理论探讨》，载于《环境科学与技术》2007 年第 12 期。

[39] 王鑫、史奕、赵天宏、王美玉、张巍巍：《我国农业非点源污染现状及控制措施》，载于《安徽农业科学》2006 年第 20 期。

[40] 王震洪、吴学灿、李英南：《滇池流域荒台地植被恢复工程控制非点源污染生态机理》，载于《环境科学》2006 年第 1 期。

[41] 王宗明、张柏、宋开山、刘殿伟、闫百兴：《农业非点源污染国内外研究进展》，载于《农业资源与环境科学》2007 年第 9 期。

[42] 肖军、赵景波：《农田塑料地膜污染及防治》，载于《四川环境》2005 年第 1 期。

[43] 谢红彬、虞孝感、张运林：《太湖流域水环境演变与人类活动耦合关系》，载于《长江流域资源与环境》2001 年第 5 期。

[44] 许刚：《太湖流域社会经济发展对水环境的影响研究——以无锡市为例》，载于《地域研究与开发》2002 年第 1 期。

[45] 燕惠民：《中国农业面源污染现状与防治对策》，收录于《全国农业面源污染与综合防治学术研讨会论文集》，2004 年。

[46] 杨林章、孙波、刘健：《农田生态环境养分迁移转化与优化管理研究》，载于《地球科学进展》2002 年第 3 期。

[47] 杨秀平、孙东升：《日本环境保全型农业的发展》，载于《世界农业》2006 年第 9 期。

[48] 叶全胜、霍尚涛、李希昆：《新农村建设中农村环境污染防治机制研究》，收录于《中国环境科学学会学术年会优秀论文集》，2006 年。

[49] 袁平：《农业污染及其综合防控的环境经济学研究》，中国农业科学院博士学位论文，2008 年。

[50] 张从：《中国农村面源污染的环境影响及其控制对策》，载于《环境科学动态》2001 年第 4 期。

[51] 张大弟等：《农药污染和防治》，化学工业出版社 2001 年版。

［52］张宏艳：《发达地区农村面源污染的经济学研究》，复旦大学博士学位论文，2004 年。

［53］张俊、王定勇：《蔬菜的农药污染现状及农药残留危害》，载于《河南预防医学杂志》2004 年第 3 期。

［54］张田、卜美东、耿维：《中国畜禽粪便污染现状及产沼气潜力》，载于《生态学杂志》2012 年第 5 期。

［55］张维理、黄宏杰、H. Kolbe 等：《中国农业面源污染形势估计及控制对策》，载于《中国农业科学》2004 年第 7 期。

［56］张欣、王绪龙、张巨勇：《农户行为对农业生态的负面影响与优化对策》，载于《农村经济》2005 年第 4 期。

［57］张雪绸：《环境污染的经济学分析及其治理对策》，载于《西安财经学院学报》2005 年第 1 期。

［58］章力建、朱立志、蔡典雄、包菲：《农业立体污染防治中循环经济的运作机制与模式》，载于《农业技术经济》2005 年第 3 期。

［59］赵本涛：《中国农业面源污染的严重性与对策探讨》，载于《环境教育》2004 年第 11 期。

［60］赵石：《影响农户经济行为的因素分析》，载于《黑龙江农业》2003 年第 6 期。

［61］赵素荣、张书荣、徐霞、徐立超、张栋河、张新民、王金凤、徐立功、齐瑛：《农膜残留污染研究》，载于《农业环境与发展》1998 年第 3 期。

［62］赵永辉、田志宏：《外部性与农药污染的经济学分析》，载于《中国农学通报》2005 年第 7 期。

［63］郑粉莉、李靖、刘国彬：《国外农业非点源污染研究动态》，载于《水土保持研究》2004 年第 4 期。

［64］周立华、杨国靖、张明军、程国栋：《农户经营行为与生态环境的研究》，载于《生态经济》2002 年第 9 期。

［65］周早弘、张敏新：《农业面源污染博弈分析及其控制对策研究》，载于《科技与经济》2009 年第 1 期。

［66］朱娟：《对我国非点源污染状况的考察及法律思考》，收录于《2005 年中国法学会环境资源法学研究会年会论文集》，2005 年。

［67］朱立志：《农村环境污染防治机制与政策》，载于《环境保护》2008 年第 15 期。

［68］朱立志、章力建、李红康：《农业污染防治的财政与市场补偿机制》，载于《财贸研究》2007 年第 4 期。

［69］朱兆良等：《中国农业面源污染控制对策》，中国环境科学出版社 2006 年版。

［70］Antler J. M., Heidebrink G. Environment, Development：Theory and International Evidence ［J］. Economic Development and Culture Change, 1995 (43)：603-625.

［71］A Myrick Freeman Ⅲ. The measurement of environmental and resource values：theory and methods ［M］. Washington DC：Resources for the Future, 2003.

［72］Blevins R. L., W. W. Frye. Conservation Tillage：An Ecological Approach to Soil Management ［J］. Advances In Agronomy, 1993 (51)：33.

［73］Carlson G. A., D. Zilberman, J. A. Miranowski. Agricultural and Environmental Resource Economics ［M］. Oxford：Oxford University Press, 1993.

［74］Carpenter S. R., Caraco, N. F., Correll et al. Nonpoint Pollution of Surface Waters with Phosphorus and Nitrogen ［J］. Ecol. Appl. 1998 (8)：559-568.

［75］Carsten Drebenstedt. Regulations, Methods and Experiences of Land Reclamation in German Opencast Mines ［A］. Addressed to Mine Land

Reclamation and Ecological Restoration for the 21 Century—Beijing International Symposium on Land Reclamation, 2000: 11-21.

［76］Dridi Chokri, Khanna Madhu. Irrigation Technology Adoption and Gains from Water Trading under Asymmetric Information ［J］. American Journal of Agricultural Economics, 2005 (2): 289-301.

［77］Duan S. W., Zhang S., Huang H. Y. Transport of Dissolved Inorganic Nitrogen form the Major Rivers to Estuaries in China ［J］. Nutrient Cycling In Agroecosystrems, 2000, 57 (1): 13-22.

［78］Ennis L., Coiw et al. Non-point Pollution Modeling based on GIS ［J］. Soil & Water Conser, 1998 (1): 75-88.

［79］Esty D. C. Revitalizing Environmental Federalism ［J］. Michigan Law Review 1996, 95: 570-653.

［80］Farrington J. The Changing Public Role in Agricultural Extension ［J］. Food Policy. 1995, 6: 537-544.

［81］Grossman G., Krueger A. Economic Growth and the Environment ［J］. Quarterly Journal of Economics, 1995, 110 (2): 353-377.

［82］Helfand G. E., House B. W. Regulating Non-point Source Pollution under Heterogeneous Conditions ［J］. American Journal of Agricultural Economics, 1995, 77 (4): 1024-1032.

［83］Joseph, Barbara A., Hezekiah and Befecadu. Policy Implications on the Reduction of Nitrogen Fertilizer Use on Non-Irrigated Corn-Winter Production in North Alabama ［A］. Selected paper for Southern Agricultural Economics Association. Alabama, 2003.

［84］Jacobi P. The Challenges of Multi-stakeholder Management in the Watersheds of Sao Paulo ［J］. Environment And Urbanization, 2004, 16 (2): 199-211.

［85］Jonsson B. L. Stakeholder Participation as a Tool for Sustainable

Development in the Em River Basin [J]. International Journal of Water Resources Development, 2004, 20 (3): 345-352.

[86] Junjie Wu, Bruce A. Babcock. Spatial Heterogeneity and the Choice of Instruments to Control Nonpoint Pollution [J]. Environmental and Resource Economics, 2001 (18): 173-192.

[87] Karin Johst, Martin Drechsler, Frank Watzold. An Ecological-Economic Modeling Procedure to Design Compensation Payments for the Efficient Spatial-temporal Allocation of Species Protection Measures [J]. Ecological Economics, 2002 (41): 37-49.

[88] Larson Douglas M., Gloria E. Helfand, Brett W. House. Second-Best Tax Policies to Reduce Non-point Source Pollution [J]. American Journal of Agricultural Economics, 1996, 78 (41): 1108-1117.

[89] Line D. E., Richard A. McLaughlin Nonpoint Source [J]. Water Environment Research, 1997, 69 (4): 768-776.

[90] Morgan C., Owens N. Analysis Benefits of Water Quality Policies: The Chesapeake Bay [J]. Ecological Economics, 2001 (39): 271-284.

[91] Merrett S. Deconstructing Households' Willingness-to-pay for Water in Low-income Countries [J]. Water Policy, 2002 (4): 157 -172.

[92] McConnell K. E. Income and the Demand for Environmental Quality [J]. Environment and Development Economics, 1997 (2): 383-400.

[93] Myers C. F., Meek J., Tulle S., Weinberg A. Nonpoint sources of water pollution [J]. Soil Water Conserve, 1985 (40): 14-18.

[94] Norse D., Li J., Jin L. et al. Environmental Cost of Rice Produce in China: Lessons from Hunan and Hubei [M]. Aileen International Press, 2001.

[95] Odum, Howard T., Odum B. Concepts and Methods of Ecological

Engineering [J]. Ecological Engineering, 2003 (5): 339-361.

[96] Panayotou T. Empirical Tests and Policy Analysis of Environmental Deg Radation at Different Stages of Economic Development [C]. Geneva: Technology and Employment Programme, International Labor Office, 1993.

[97] Pender J., Nkonya E., Jagger P. Strategies to Increase Agricultural Productivity and Reduce Land Degradation: Evidence from Uganda [J]. Agricultural Economics, 2004 (3): 181-195.

[98] Ruttan Vernon W. Induced Innovation Evolutionary Theory and Path Dependence: Sources of Technical Change [J]. The Economic Journal. 1997 (444): 1520-1529.

[99] Ribaudo M. Options for Agricultural Non-point Source Pollution Control [J]. Journal of Soil and Water Cons. 1992, 47 (1): 42-46.

[100] Roberts Michael J., O'Donoghue Enk J., Key Nigel. Chemical and Fertilizer Applications in Response to Crop Insurance: Evidence from Census Micro Data [A]. Paper prepared for presentation at the Annual Meeting of the American Agricultural Economics Association, 2003.

[101] Romstad E. Team Approaches in Reducing Nonpoint Source Pollution [J]. Ecological Economics, 2003 (47): 71-78.

[102] Shen R. P., Sun B., Zhao Q. G. Spatial and Temporal Variability of N, P and K Balances in Agroecosystrems in China [J]. Pedosphere, 2005, 15 (3): 347-355.

[103] Smil V. Environmental Problems in China: Estimates of Economic Costs [M]. East-west Center, Honolulu, HI, 1996: 62.

[104] Shortle J. S., Horan R., Abler D. Research Issues in Nonpoint Pollution Control [J]. Environmental and Resource Economics, 1998 (11): 571-585.

[105] Suri V., Chapman D. Economic Growth, Trade and Energy:

Implications for the Environmental Kuznets Curve [J]. Ecological Economics, 1998 (25): 195-208.

[106] Tietenberg. Environmental and Resource Economics [M]. N. Y.: Harper Collions Publishers, 1992.

[107] Vladimir Novontny. Integrating Diffuse Non-point Pollution Control and Water Body Restoration into Watershed Management [J]. Journal of the American Water Resource Association, 1999, 35 (4).

[108] Vickner, Steven S. et al. A Dynamic Economic Analysis of Nitrate Leaching in Corn Production under No Uniform Irrigation Conditions [J]. American Journal of Agricultural Economics, 1998, 80 (2): 397-408.

[109] Werner Hediger. Sustainable Farm Income in the Presence of Soil erosion: An Agricultural Hardwick Rule [J]. Ecological Economics, 2003 (45): 221-236.

[110] Withagen Cees, Nico Vellinga. Endogenous Growth and Environmental Policy [J]. Growth and Change, 2001 (32): 92-109.

[111] Whittington D. Administering Contingent Valuation Surveys in Developing Countries [J]. Development, 1998 (26): 21-30.

[112] Xepapadeas A. Controlling Environmental Externalities: Observables and Optimal Policy Rules In Non-point Source Pollution Regulation: Issues and Policy Analysis [M]. Kluwer Academic Publishers, 1994.

图书在版编目（CIP）数据

农业面源污染及综合防控研究/魏赛著. —北京：
经济科学出版社，2021.9
（中国农业科学院农业经济与发展研究所研究论丛.
第4辑）
ISBN 978-7-5141-6492-3

Ⅰ.①农…　Ⅱ.①魏…　Ⅲ.①农业污染源-面源
污染-污染防治-研究-中国　Ⅳ.①X501

中国版本图书馆 CIP 数据核字（2015）第 310491 号

责任编辑：齐伟娜　卢玥丞
责任校对：杨　海
责任印制：范　艳　张佳裕

农业面源污染及综合防控研究

魏　赛　著

经济科学出版社出版、发行　新华书店经销
社址：北京市海淀区阜成路甲 28 号　邮编：100142
总编部电话：010-88191217　发行部电话：010-88191540
网址：www.esp.com.cn
电子邮箱：esp@esp.com.cn
天猫网店：经济科学出版社旗舰店
网址：http://jjkxcbs.tmall.com
北京季蜂印刷有限公司印装
710×1000　16 开　8.25 印张　110000 字
2021 年 9 月第 1 版　2021 年 9 月第 1 次印刷
ISBN 978-7-5141-6492-3　定价：36.00 元